MSOL MI SERIES

モビリティシフト

MOBILITY SHIFT

EVと自動運転が世界を変える

木南浩司

東洋経済新報社

はじめに

本書は、近年における自動車関連産業の急激な変化を踏まえ、先を見据えた新たなモビリティビジネスを模索する企業、および自動車関連産業ではないが、変化に追随するための方策を自社の競争力強化に取り入れたい企業に向けて、経営層やマネジャーに実効性の高いマネジメントの考え方を示すことでその実現の一助となることを狙いとする。

昨今の自動車を取り巻く変化として、センシングによる安心・安全な自動車の実現、インターネットに常時接続することによるコネクティッドカーの実現、AIなどのテクノロジーによる自動運転の開発、Uberに代表されるシェアリングビジネスの台頭、大気汚染物質排出規制の世界的な潮流とEV化の進展などがあり、いまや自動車メーカー・自動車サプライヤーは猛烈な変革の波にさらされている。

そのような中で、従来のモノづくりの進め方では太刀打ちできない状況が起きており、現場の混乱を招いている。そのような変革の中では、カルチャー・経営スタイル・組織・プロセスなど、全く異なる価値観を持った企業と協働し、最適なマネジメントを模索して適用する必要があり、一筋縄ではいかない。

これからの時代にマネジメントを行っていく上で大事なこととして、目指す姿を描く力、異質な組織を繋ぐ力、自律協調型のマネジメント力、成果を生むためのチーム構築力、当事者意識の醸成力などが問われることになる。

そのような変革の波にさらされたプロジェクトの中で、培ってきた実践的な経験をもとに、これらの成功するための要因（ＫＳＦ：Key Success Factor）を紐解き、さらにそれらを実現するための具体的なマネジメントのあり方を示すことによって皆様に少しでも気づきを得て頂けたら幸いである。

また、今後様々なテーマを取り上げて、革新を目指す企業にマネジメントのあり方を示していく。これらによりもたらされる成果が、社会の Happiness に少しでも貢献するならば幸いである。

◉目次

第2章 モノづくりからサービスの創造・社会との融合へ

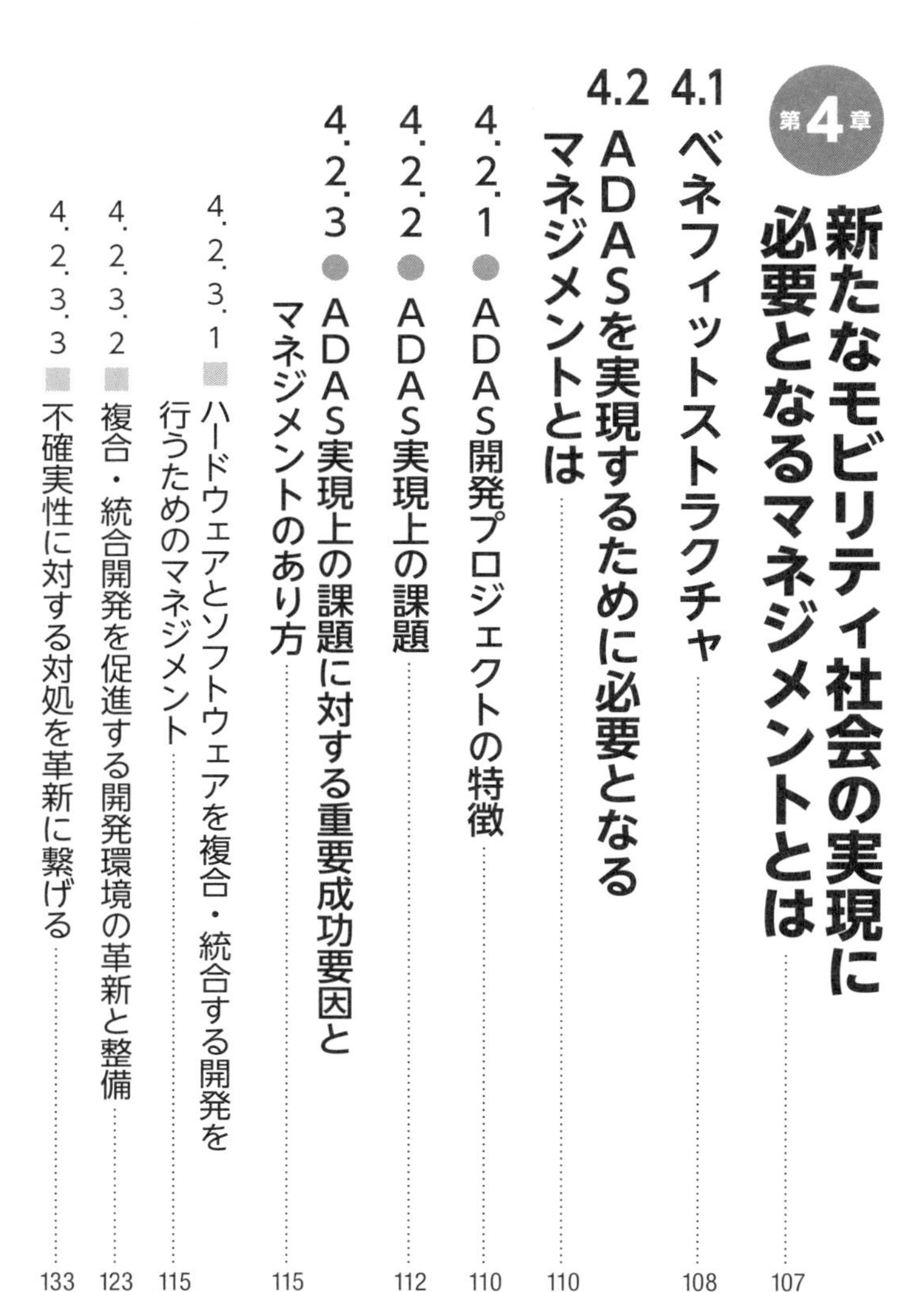

4.3 EVを実現するために必要となるマネジメントとは……139

4.4 コネクティッドを実現するために必要となるマネジメントとは……165

第1部

激動の自動車業界とKSFの変化

第1章

自動車の付加価値の変化

近年テクノロジーの進化によって自動車の付加価値に変化が起きている。クラウドコンピューティングやＩｏＴ／ＩｏＥ*の進展により、モノがインターネットと繋がりサービスの一要素として構成され、モノも含めたサービス全体によって得られる顧客体験価値が、これまで以上に競争優位を生み出すために重要視される。自動車もそれと同様に、インターネットに繋がることで新たな顧客体験価値が生み出されている。

また、自動車は通常のモノに比べて社会的な問題を抱えたまま世界に普及してきた。エネルギー資源の枯渇、地球温暖化や大気汚染問題、交通渋滞や事故の問題など、現在もなお取り組まなければならない問題が山積みだ。だが、テクノロジーの進化によってこれらの問題も解決の方向に向かおうとしている。

では、そういったテクノロジーの進化が社会に対してどのような付加価値をもたらそうとしているのか、本章で整理したい。

1.1 安心・安全

* IoT（Internet of Things）とは自動車、家電、ロボット、施設などあらゆるモノがインターネットに繋がり、情報のやり取りをすることで、モノのデータ化やそれに基づく自動化等が進展し、新たな付加価値を生み出すというコンセプトを指す。
IoE（Internet of Everything）とはヒト・モノ・データ・プロセスを結びつけ、これまで以上に密接で価値ある繋がりを生み出すという IoT を発展させたコンセプトを指す。
総務省「情報通信白書 H27」
http://www.soumu.go.jp/johotsusintokei/whitepaper/ja/h27/html/nc254110.html

自動車が誕生したのは１７６９年の第１次産業革命の時代と言われている。欧州では馬車で人や荷物を運ぶ時代であったが、蒸気機関の発達により蒸気で走る自動車が発明された。その後、ガソリンエンジンによる自動車が１８８６年にドイツで開発された後*、アメリカで広大な国土で馬車に代わる便利な移動手段として、１９００年代の最初の30年でフォードによって量産化され、一気に大衆の乗り物として広がった。

今日に至るまで、我々は自動車での移動の利便性を享受してきたが、その半面交通事故や渋滞、大気汚染という社会に与える負の側面が大きな問題となっていった。とりわけ人命に関わる直接的な問題として、交通事故の抑制は自動車メーカーにとって今もなお大きな課題である。

自動車に取り付けられた装備によって安心・安全を実現するＡＤＡＳ（Advanced Driver Assistance System：高度運転支援システム）はその解決策の１つとして重要である。ＡＤＡＳは自動車の装備の１つであるが、走行時に周辺状況を認識し、事故が起きる可能性を検知して、自動制御により事故を回避するシステムが開発され、急速に自動車に装備されるようになった。新たなモビリティ社会を実現する上で重要な要素となるため、長年解決に向けて取り組んできた安心・安全に向けての対策がどのような変遷を経て定着してきたかを整理しておきたい。

* Daimler ホームページ
https://www.daimler.com/company/tradition/company-history/1885-1886.html

交通安全対策の重要性

ＡＤＡＳは１９９０年代初めに、運輸省においてＡＳＶ（Advanced Safety Vehicle）推進検討会が中心となり、自動車の安全確保のための今後の技術的方策について策定されたことが始まりである。その当時は生活様式が変化し、自動車保有台数が急激に伸びて、それと連動して交通事故死者数も年間１・１万人を超えた時代であったが、この長年にわたる活動によって２０１７年は３６９４人（前年比２１０人・５・４％減）となり、さらに２０２０年には日本国内の目標として２５００人以下を目指している。

その間、自動車に装備された装置による自律検知型安全運転支援システムの開発や、運転者や社会に受け入れられるための基本理念の整備と啓蒙、交通安全対策として交通安全教育の充実や道路環境の整備、取り締まりの強化などハード・ソフト両面で国を挙げて取り組んだ結果、交通事故死傷者数は１９９０年代初めに比べて3分の１以下にまで減少したと考えられる。

国土交通省の第10次交通安全基本計画においても、近年の高齢者人口比率の高まりやスマートフォンの浸透なども考慮し、身体機能の低下や不注意等、人に起因する事故を未然に防止し、交通事故が起きにくい環境づくりが必要であり、そのためには安全運転支援システムなどの先端技術の活用推進と、事故が起きた状況を詳細に分析し、きめ細かな対策を推進し、地域で交通安全対策に主体的に取り組むことがますます必要となることが述べられている。

これらが示すことは計画の継続的深化と、新たな先端技術を積極的に取り入れて、ハード・ソフト・データすべてを連携させて継続的に取り組みを強化していこうとしていることであり、その成果が着実に交通事故死傷者数を減少させてきたと言える。さらに安全な道路交通を実現するには、引き続きこれらを継続していくことが求められる。また、警視庁の2015年死亡事故発生状況内訳によれば約7割が「歩行者事故」「正面衝突・車線逸脱」「追突」に分類されており、これらに対しての重点的な取り組みが重要となる。

世界保健機関（WHO）によれば、2015年の全世界交通事故の死者は約125万人と言われている*。世界の自動車台数が急速に増加しているにもかかわらず、交通事故死者数は横ばいであり、道路交通の犠牲者数を減らすのに成功している国では、立法・施行を改善し、道路や車両をより安全にすることでこれを達成していると報告されている。

国別に見たときには、安全対策が脆弱な低所得国で高い交通事故致死率を示している。安全に対する取り組みが強力に実施されているスウェーデンは、自動車に搭載する安全装備について世界で最も厳しい基準となっている国の1つであり、人口10万人当たりの交通

*「Global status report on road safety 2015」WHO
http://www.who.int/violence_injury_prevention/road_safety_status/2015/en/

事故死亡者数は世界で最も低く2・7人である。日本は人口10万人当たり4・0人であり、アメリカや韓国の10人超に比べると低いが、日本は歩行中の割合が30％を超え、高齢者の割合が50％を超えるという特徴がある。

安全対策を強化するにあたっては、国や地域ごとの道路や自動車の利用事情に応じた安全対策を政策面と連動させて、自動車装備・安全機能のあり方も強化していく必要がある。

各社の運転支援システムへの取り組み

このような情勢の中で、ADASはハード面から予防安全に寄与する技術として開発されてきた。代表的な自動車メーカーの取り組みについて確認しておきたい。

トヨタ自動車では運転支援システム「Toyota Safety Sense」TMを2015年から市販車へ採用を始めている[*1]。車種によって搭載機能は異なるが、センサーやカメラによって、対車両を検知して衝突回避もしくは被害を軽減する機能や、歩行者衝突回避機能を搭載している。次世代型には感度や認識性能が向上し、検知角度が広くなったものが開発され搭載車種とモデルが広がっている[*2]。

安全対策でより厳しい考え方を持つスウェーデンの自動車メーカーであるVolvoでは2014年時点でオートブレーキを含む10種類以上の先進安全・運転支援システム

*1 トヨタニュースルーム
https://newsroom.toyota.co.jp/jp/corporate/19842216.html
*2 https://www.volvocars.com/jp/cars/new-models/xc60/intellisafe
*3 Volvo ホームページ
https://assets.volvocars.com/jp/~/media/japan/pdf/safetybook_2014

「IntelliSafe10」TM の全車種標準装備化を完了している[*3]。その後、２０１８年1月時点では右折時対向車検知機能や道路逸脱回避支援システムなど、４つの世界初を含む16種類以上の先進安全技術を全モデルに標準装備している[*4]。

まさに、「２０２０年までに、新しいボルボ車において、交通事故による死亡者や重傷者をゼロにする」という目標〝ビジョン２０２０〟[*5]の実現に向けた一環として、自動車メーカーの中でも先進的な取り組みを推進している。ＡＤＡＳの発展型の取り組みとしてもベンチマークとなりうる存在である。

今後の交通安全対策の重点施策とＩＴＳ[*6]の最新動向

近年では完全自動運転車が開発され、２０２０年には実用化され始めるとする予測もあるが、世界で走行するすべての自動車が完全自動運転車に置き換わるわけではない。人間が運転する自動車と完全自動運転車が共存する社会を想定しておくことが現実的である。また、完全自動運転車が社会に浸透したとしても、遠隔での操作や故障時での人間の操作の介在が必要な場面も想定される。

このような社会を前提としたときに、今後の交通安全対策はハード面・ソフト面・政策面でそれぞれ必要である。特にハード・ソフト全体でシステムとして見たときに、運転支

*4 Volvo ホームページ
https://www.volvocars.com/jp/cars/new-models/v90/intellisafe

*5 Volvo ホームページ
https://www.volvocars.com/jp/about/our-stories/vision-2020

*6 ITS(Intelligence Transport Systems：高度道路交通システム)
とは人と道路と自動車間で情報の受発信を行い、道路交通が抱える事故や渋滞、環境対策など様々な課題を解決するためのシステムのこと。
ITS Japan ホームページ　http://www.its-jp.org/about/

援システムのさらなる高精度化と個別技術の組み合わせによる複合化が求められる。また、事故原因のうち、大半を占めるのは衝突事故であるが、出合い頭事故や右折時・左折時事故も事故原因として比重は大きい。

これらを総合的に対策するには、現在製品化されているカメラやセンサーによる物体認識の精度を夜間や気象条件や走行速度等に影響されない程度にまで高めることにより、事故を未然防止する確率を高めるといった自動車が単独で対策する自律型のシステムがまず重要になる。そして、V to V（Vehicle to Vehicle）やV to I（Vehicle to Infrastructure）における通信を前提として走行する自動車が、他の走行する自動車や設備と連動して対策する協調型のシステムにより安全性を高める取り組みも合わせて重要となる。

後者の協調型のシステムにより安全性を高める取り組みについては、日本ではITS Connect推進協議会が中心となり進めている。見通しが悪い交差点等において、車両同士や道路に設置された路側インフラ設備との無線通信によって得られる情報をドライバーに知らせることで、運転の支援に繋げるシステムを実現するために、通信プロトコルや技術仕様・規格の検討・管理や、運用企画、広報・普及促進活動が行われてきた。この活動の成果を活かし、いくつかの自動車メーカーではすでに実用化し、次世代の自動車に徐々に搭載を広げている。実際に走行している自動車の数や情報提供される交差点の数はまだ少ないが、東京・大阪・名古屋の近郊の一部ではすでに交通安全対策に寄与している。

例えば路車間通信システムにより、右折時に、対向の直進車や右折先の歩行者の検知情報を信号機等に設置された装置から無線で受信して、ナビゲーションシステム等に表示・警告を行うものや、赤信号注意喚起により、交差点進入直前の赤信号見落としを検知してドライバーに警告するなどの機能を持つものがある。また、車車間通信システムにより、通信利用型レーダークルーズコントロールなどが対応する車両に追随して、先行車の加減速情報を受信して、素早く反応してスムーズな走行に繋げるなど、すでにこうした協調型のＩＴＳが搭載され始めている[*1]。

これまでＩＴＳにおける路車間・車車間通信は７６０MHz帯の専用周波数を使って開発・実装されてきた。これは走行時に路車間・車車間通信による注意喚起においては、通信遅延が起きてしまうと役に立たない状況になるため、できるだけ遅延が起きないようにする必要があり、そのための通信規格が策定された経緯がある。この規格の初版が策定されたのは２０１２年であり[*2]、完全自動運転社会においては、より広範囲で高信頼・高頻度で低遅延な要件が求められるため、継続的な課題検証と対応が必要となる。そのような課題に対して第５世代通信技術５Ｇ[*3]や協調型のＡＤＡＳが発展していくことで、完全自動運転のための基盤としても活用されることになる。

*1 ITS Connect 推進協議会ホームページ
https://www.itsconnect-pc.org/about_its_connect/
*2 700MHz 帯域インテリジェントトランスポートシステム規格：ARIB(Association of Radio Industries and Business) ホームページ
https://www.arib.or.jp/english/std_tr/telecommunications/desc/std-t109.html
*3 5G は、有無線が一体となって、超高速、多数同時接続、超低遅延といった様々な要求条件に対応することが可能な優れた柔軟性を持つ通信技術。2020 年実現に向けて国際標準化と技術開発が進みつつある。
「2020 年に向けた 5G 及び ITS・自動走行に関する総務省の取組等について」2017 年 6 月 8 日 総務省
https://www.kiai.gr.jp/jigyou/h29/PDF/0608p1.pdf

1.2 EV

EVとエネルギー問題

ＥＶ（Electric Vehicle：電気自動車）の将来を探る上で、まずは歴史を振り返りたい。電気自動車は１８００年代末期に発明されごく一部で普及していたが、その後、内燃機関の燃料供給網の発展と長距離走行性能から Ford の大量生産と相まってアメリカで内燃機関の自動車が急速に普及し、電気自動車は充電が簡単にできない問題を抱えたまま、発展する機会を失った。その後内燃機関を搭載した自動車の大量生産、大量消費のモータリゼーションの流れは日本や欧州など先進諸国にも広がりを見せ、世界大戦中を除いて１９００年代は内燃機関の自動車が普及していった。

そうした中、日本では１９６０年代には都市部での自動車の激増と過密化に伴い、大気汚染が深刻化し、社会問題化した結果、大気汚染防止法が制定され、自動車排出ガスの許容限度の規制が行われるようになった[*1]。また、１９８５年にオーストリアで開催された

*1 国土交通省「運輸白書」
http://www.mlit.go.jp/hakusyo/transport/shouwa44/index.html

フィラハ会議において、地球温暖化に関する初めての議論が行われ、産業革命以降化石燃料を大量に燃焼させて発展してきたことが、大気汚染物質の排出増加とそれによる地球温暖化を招いていることが認識され始めた。１９９２年の国連総会で「気候変動に関する国際連合枠組条約」が採択された。その後、国連気候変動枠組条約締約国会議（ＣＯＰ）として１９９５年から毎年開催され、世界での大気汚染物質排出削減に向けて、精力的な議論が行われてきた[*2]。そして２０１５年にフランス・パリで開催されたＣＯＰ21にてパリ協定が採択され、翌年11月に発効された。これにより、「世界の平均気温上昇を工業化以前から2度以内に抑える」という「2度目標」を達成するため批准した各国に削減目標の策定と国内措置の実施を義務付けることになっている[*3]。その一環で、各国では内燃機関の自動車から電気自動車への切替や普及へ向けた政策が活発化しつつある。

ここで、世界のエネルギー動向について目を向けてみると[*4]、世界全体のエネルギー消費の伸びは鈍化しつつも減少はしていない。また、内訳として最終エネルギー消費に占める輸送用のエネルギー需要の割合は１９７１年の22・７%から２０１４年には27・９%へと約５%増加している。輸送用が大きく増えた理由は、この間に世界中でモータリゼーションが進展し、自動車用燃料の需要が急増したことが考えられるということである。実際に世界の自動車販売台数は、２００５年の６５９０万台から２０１６年の約９３８５万

*2 全国地球温暖化防止活動推進センターホームページ
http://www.jccca.org/faq/faq01_10.html
*3 外務省ホームページ
http://www.mofa.go.jp/mofaj/press/pr/wakaru/topics/vol150/index.html
*4「エネルギー白書 2017」 P200,201 第２章国際エネルギー動向
http://www.enecho.meti.go.jp/about/whitepaper/2017pdf/whitepaper2017pdf_2_2.pdf

台へ約42％増加しており[*5]、石油消費量も１９７１年の71億８８００万石油換算バレルから２０１４年には１９３億６２００万石油換算バレル（石油消費量の内約65％が輸送量）に大幅に拡大している[*6]。

自動車販売台数や石油消費の２桁の伸び率と比べると、輸送用のエネルギー需要は１桁の伸び率であり、それほど伸びていないが、自動車のエネルギー効率に対する技術革新も並行して行われていることなどが考えられる。今後さらにエネルギー効率を高めていくと共に、化石燃料に依存しないエネルギー供給のあり方が見直されることは必至である。

地球温暖化対策を強化することが批准国に義務付けられていることもあり、各国のエネルギーに対する政策や規制がさらに強化されることに繋がっていくだろう。エネルギー効率を高め化石燃料の消費量を減少傾向に変えられるかどうかは、自然エネルギーによる発電・供給量の増加と安定供給だけでなく、同時に電気自動車や燃料電池車の普及にかかっていると言っても過言ではない。主要先進国では化石燃料の消費量が減少に向かっていると言われているが、発展途上国に経済発展をもたらしながら、エネルギー効率を高め化石燃料に依存しないエネルギー供給のあり方を同時に実現していくことは、主要先進国にとっても共有すべき課題であると考える。

*5「エネルギー白書 2017」 P207 世界石油消費の推移
http://www.enecho.meti.go.jp/about/whitepaper/2017pdf/whitepaper2017pdf_2_2.pdf
*6 資料：GLOBAL NOTE　出典：OICA
https://www.globalnote.jp/post-11249.html

アメリカの3つの環境規制

主要国の動向についても整理しておきたい。米国ではこの地球温暖化対策の以前から、オイルショックの影響により1978年から運輸省（NHTSA）によって企業別平均燃費基準（CAFE：Corporate Average Fuel Economy[*1]）と呼ばれる燃費規制が施行されていた。環境保護庁（EPA）による温室効果ガス（GHG：Green House Gas）規制も連邦レベルでは存在する。州レベルではカリフォルニア州が米国の中でも特に大気汚染に対しての意識が高く、その対策として大気資源局（CARB：California Air Resources Board）によって州法としてZEV（Zero Emission Vehicle）法が1990年に制定されていた[*2]。

米国ではこれらの3つの規制が存在するが、GHGとCAFEについては業界団体の影響力もあり規制がなかなか進まず、カリフォルニア州法のZEV法のほうがより厳しい基準であったが[*3]、近年の世論の環境意識の高まりから、2012年以降は連邦としての規制も厳しい基準に高められた。ただし、トランプ政権によってパリ協定の脱退宣言や保護主義など不透明な部分もあり、連邦基準が逆戻りする懸念もあるが、世界の流れから見れば環境規制は今後厳しくなっていくのが自然と考える。

*1 NHTSA CAFE 規制
https://www.nhtsa.gov/laws-regulations/corporate-average-fuel-economy
*2 CARB　ZEV Tutorial
https://www.arb.ca.gov/msprog/zevprog/factsheets/zev_tutorial.pdf
*3「アメリカの環境・燃費規制と自動車工業」東京経済大学 小林健一参照
www.tku.ac.jp/kiyou/contents/economics/262/262_kobayashi.pdf

カリフォルニア州のＺＥＶ規制[*4]は、州内で一定台数以上自動車を販売するメーカーは、その販売台数の一定比率をＺＥＶにしなければならないと定めている。２０１７年まではプラグインハイブリッドカー、ハイブリッドカー、天然ガス車、排ガスが極めてクリーンな車両などを組み入れることも許容されていたが、２０１８年からは電気自動車と燃料電池車およびプラグインハイブリッドカーのみがＺＥＶとして扱われる。また、２０１７年まではカリフォルニア州で年６万台以上販売するメーカー６社（Chrysler、Ford、GM、ホンダ、日産自動車、トヨタ自動車）が対象であったが、２０１８年以降、販売台数が中規模のメーカー６社（BMW、Daimler、現代自動車、起亜自動車、マツダ、Volkswagen）も対象となる。

このカリフォルニア州と同じ規制を採用する州は他に9州あり、環境意識が高い地域と言える。また、これらの地域では規制と共に州独自の税制優遇措置を講じている州もあり、米国のＺＥＶの販売動向に大きな影響力を持っている。まさにアメとムチを駆使して、ＺＥＶ導入による環境保護を推進していると言える。

中国のEV化政策

ＥＶの動向として目が離せない国がある。中国のＥＶ市場はここ数年の間に強烈なス

*4 CARB ZEV Program
https://arb.ca.gov/msprog/zevprog/zevprog.htm

ピードで成長しているのである。スマートフォンと電子マネーによる電子決済がほんの数年であっという間に広まったことは記憶に新しいが、それと同じことがまさに今ＥＶの世界で起きようとしているように感じる。

２０１７年９月中国はＮＥＶ（New Energy Vehicle：新エネルギー車）法を公開し、２０１８年４月より施行する。これにより、ＥＶとＰＨＥＶ（Plug-in Hybrid Electric Vechicle）と燃料電池車を合わせたＮＥＶについて、２０１９年に自動車メーカーに10％の製造・販売を義務付け、翌年以降も順次比率を高めていくとのことである[*1]。さらにＮＥＶの製造・販売義務付け比率を達成できない企業は、ＥＶやＰＨＥＶを義務付け比率よりも多く販売した企業からＮＥＶクレジットと呼ばれる権利を購入しなければならない罰則がかかる。義務付け比率を達成した企業は権利を売却して得られた資金で、さらなる開発や製造販売に力を入れることができるようになるとのことである。これにより、電気自動車などの新エネルギー車の普及を促進することになる。

中国では米国カリフォルニア州がＺＥＶ規制によってＺＥＶの販売が促進されていることにならって同様の規制を導入したと考えられる。もちろん規制だけではなく、充電設備などのインフラ投資や普及に関する啓蒙など様々な政策・投資策・税制優遇策などあらゆる手段を組み合わせて販売が促進されている。この結果、２０１６年の世界のＢＥＶ

*1 日本経済新聞 2017/9/29

（Buttery Electric Vehicle）＋ＰＨＥＶの自動車販売における中国の比率は50％を超えており、世界の電動化自動車（ＢＥＶ＋ＰＨＥＶ）の市場の中では最も大きな市場となっている。

それでも自動車販売台数全体に占める割合はわずかであり、中国における２０１６年の販売台数約２２００万台のうち、電動化自動車は約33・6万台[*2]で約１・５％ほどである。ここで見逃せないのが変化の大きさである。中国市場における電動化自動車の販売台数の成長率はＢＥＶに関しては75％であり、ＰＨＥＶを合計した全体でも40％である。最大で１台当たり５０００～８５００ＵＳＤ程度の免税政策の効果や、ライセンスプレート取得優遇策の効果が大きいと言える。このような高い成長率と電動化自動車における世界全体の50％以上のシェアから、中国市場は今後の電動化自動車の普及を占う上で重要な市場であると言える。

ＥＶは本当にクリーンなのか

一方、自国の中での自動車販売に占める電動化自動車の割合という切り口で見た場合は、中国は１・５％ほどであったが、ノルウェーでは29％の自国内シェアがある。世界ではノルウェーが最も電動化自動車が普及しているということになる。25％の付加価値税の

*2 IEA Global EV Outlook 2017　P12-13
https://www.iea.org/publications/freepublications/publication/GlobalEVOutlook2017.pdf

免除や道路通行料やフェリーなどの手数料免除など大きな優遇政策によって、大きく自国内シェアを伸ばしている。逆に、デンマークなどでは補助金政策の縮小などの影響で電動化自動車の販売が大きく減少するなど、補助金優遇の効果は大きい。

これらのことから、電動化自動車は補助金がなければ内燃機関の自動車と比べて、経済合理性が見出せず、販売増に繋がりにくいということがわかる。補助金などの優遇措置を縮小すれば、電動化自動車の販売の伸びは鈍化することを踏まえると、電動化自動車本来の魅力を高めて消費者に購入を促すためには、1回の充電での走行距離の延伸や充電インフラの拡充、バッテリーなどのコストダウンやエネルギー密度の向上により、電動化自動車を利用することのメリットを追求するなどが課題である。

電動化自動車の普及に関して、近年大きく注目され始めた背景の1つに欧州におけるディーゼル排出不正問題の影響もある。Volkswagenは欧州の厳しい排出ガス規制に対応するディーゼルエンジンをクリーンディーゼルとして販売していたが、実際には規制値をクリアできないものであったことは大きな衝撃であった。このことがディーゼルエンジンを搭載した自動車の販売不振に繋がり、ディーゼルエンジンを販売する欧州の主要自動車メーカーは戦略の転換を余儀なくされた。

また、各国の政策としてもこの問題は見過ごせず、積極的に電動化へ向けた政策転換を

各国の大気汚染物質排出規制に関連する動き*

地域	国	規制対象	開始予定	概要
欧州	オランダ	ガソリン車・ディーゼル車	2025年	2025年までにガソリン車とディーゼル車を販売禁止
	ノルウェー	ガソリン車・ディーゼル車	2025年	2025年までにガソリン車とディーゼル車を販売禁止
	ドイツ	ガソリン車・ディーゼル車	2030年	2030年までに内燃エンジンを搭載した新車の販売禁止を求める決議案を議会提出
	英国	ガソリン車・ディーゼル車	2040年	2040年までにガソリン車・ディーゼル車を販売禁止
	フランス	ガソリン車・ディーゼル車	2040年	2040年までにガソリン・ディーゼル車の販売終了目指す方針
アジア	インド	100%電気自動車以外	2030年	2030年までに電気自動車のみ販売へ
	中国	ガソリン車・ディーゼル車・ハイブリッド車	2019年	2019年に自動車メーカーに10%の新エネルギー車（NEV）の製造・販売を義務付け。以降順次引き上げ
米国	米国	ガソリン車・ディーゼル車	2005年	2005年より自動車メーカーに販売台数の10%をZEV対象とすることを義務付け段階的に引き上げ。2018年は16%。2017年まではハイブリッド車はZEV対象であったが2018年以降はZEV対象外

行った（上表：各国の大気汚染物質排出規制に関する動き）。皮肉にもディーゼル排出不正による多額の罰金が電動化自動車のインフラ整備など追加政策の財源に充てられる動きもある。これらの一連の動きにより、政策面での規制や電動化優遇措置も重なり、ディーゼルエンジンを主力としていなかった自動車メーカーをも巻き込み、自動車産業全体が電動化に向けて対応を迫られている。

電動化自動車の運転フィールの良さや静粛性、振動の低さといった別の側面からも魅力が再認識されつつあるが、このように電動化の動きは大気汚染対策や地球温暖化対策の手段の1つとして重要視されている点を認識しておきたい。自動

* 下記情報より筆者作成
欧州・アジア：日本経済新聞
2017/7/7 仏、40年目途にガソリン車販売禁止　政府、ディーゼルも
2017/7/26 英、ガソリン・ディーゼル車の販売禁止を発表 40年までに
2017/7/27 欧州発、電気自動車シフト 「脱石油」世界の潮流に
2017/9/29 中国、新エネ車19年に10%　メーカー対象、製造販売で義務付け
米国：一般社団法人次世代自動車振興センターホームページ
http://www.cev-pc.or.jp/kiso/zev.html

車の電動化によって大気汚染を防止するということや、大気汚染物質の排出低減に繋がるということはイメージとしては理解できるが、本当にそうなのかどうかはエネルギーを取り出してから消費するまでの全体で考えておく必要がある。

あるデータによれば、石炭によって発電された電気を利用して充電したEVの大気汚染物質の排出量は、燃費の良い高効率なガソリンエンジンを搭載した自動車の排出量より大きいという。エネルギーの生成方法は国や地域の発電方法や輸送方法によってそれぞれ異なる。石炭や天然ガスや原子力、太陽光や風力など電気エネルギーを生成する方法は様々であり各国・各地域の特性に応じてこれらを組み合わせて電力を賄っているため、それらの電力を使ってEVで走行したときの単位走行距離当たりの大気汚染物質の排出量はそれぞれ異なってくることになる。したがって、電動化自動車によって大気汚染物質の排出の低減を目指すのであれば、これらのエネルギー生成方法についても環境に配慮しなければ意味をなさなくなる。COP21でパリ協定が採択され批准した国では、欧州を中心に近年エネルギーミックスの見直しにより自然エネルギーによる発電の比率を高める政策を積極的に進めている国も多い。電動化自動車の普及促進とあわせてエネルギーミックスの見直しも重要である。

EVを運転しているからといっても、何らかの方法によって電気を生成し、そのエネルギーを充電設備によって充電するのであり、走行時には大気汚染物質を排出しないだけである。エネルギー生成においてどうなのかという視点を忘れてはならない。Teslaは持続可能なエネルギーへ、世界の移行を加速するというビジョンを掲げ、電気自動車、バッテリー、再生可能エネルギーの生産と貯蔵方法を組み合わせることで新たな未来をつくることを目指している。これは自動車が単なる移動手段ではなく、再生可能エネルギーの需給をバランスさせるために電気自動車も活用し、普段は再生可能エネルギーから充電した電気自動車が移動手段として利用されるが、利用されないときは蓄電池として再生可能エネルギーの余剰電力を蓄えておき、ピーク時や緊急時にはそれらを活用して電力供給を行うことを表している。

スマートグリッドやスマートコミュニティとして日本でも社会システム実証事業などで、様々な企業が連携して実証実験が行われているが、事業としてそのようなビジョンを持って電気自動車のみならず再生可能エネルギー発電・蓄電システムをも生産・販売して組み合わせることで社会システムを構築しようとしている自動車メーカーはTeslaだけである。持続可能エネルギーだけで社会を成立させることにチャレンジしているということにおいては「1・5」で述べるモビリティサービスの概念をさらに発展させ、社会価値を創造するビジネスを目指した考え方であると言える。もはや自動車単体で考えるのではなく、社会全体の繋がりの中で価値をとらえなければならない。

1.3 コネクティッド

コネクティッドカーの付加価値

２０１４年のコネクティッドカーの世界市場は１３００万台以上であり、２０２５年には６倍弱の６５００万台を超えると予測されている。販売台数ベースで見たときには、世界でおよそ5割から6割の自動車がなんらかの形で、通信機能を備えることになる。スマートフォンを含むモバイル端末連携型のコネクティッドカーを中心に、各社からコネクティッドカーの様々なサービスが提供され始めており、市場として大きな成長が見込まれている。

なお、ここではコネクティッドカーとはＩＣＴ端末としての機能を有する自動車のことを指す。また、コネクティッドサービスとはコネクティッドカーの基盤を用いて、運転者・所有者に新たな付加価値を生み出すサービスのことを指す。例えば、緊急通報システム、テレマティクス保険、盗難車両追跡などのサービスが該当する[*1]。

*1 本書ではコネクティッドカーとコネクティッドサービスを総称してコネクティッドと表すこととする。

コネクティッドカーの付加価値は、繋がることでより安心・快適・便利になるということである。自動車がETCを搭載して利便性が認知されて急速に普及したことと同じように、利便性の高い新たなサービスがきっかけとなり、コネクティッド技術を搭載した自動車が急速に広がると考えられる。

日本でのコネクティッドカーの始まりは、高速道路における料金所の円滑性と安全性を高めるための仕組みとして整備されたETCがその始まりだと考えられる。中日本高速道路によれば、1994年に建設省と道路公団が研究開発を実施し、翌年に民間と共同研究実施、その後1997年に一部で試験運用を開始、仕様策定や推進機構の設立、試験運用を経て2000年からサービス展開開始、2003年には9割[*2]が整備完了した歴史を持つ。また、渋滞情報の提供により一般道路でも交通の円滑性を求めてVICS（Vehicle Information and Communication System：道路交通情報通信システム）が導入された。これらは高度交通情報システム（ITS）と呼ばれ、交通社会の発展に一定の効果をもたらした。

コネクティッドカーやコネクティッドサービスの全体像としては、主にどの価値提供タイプかということと、実現手段に着目して次ページの表「コネクティッドサービスの分類例」のように整理することができる。自動車発展の歴史において、安心・安全領域は自動

*2 NEXCO 中日本 ETC 開発の歴史
http://highwaypost.c-nexco.co.jp/faq/etc/other/454.html

コネクティッドサービスの分類例*3

	安心・安全・サステナブルな移動手段の提供	いつでもどこでもだれでもの便利さの追求	人がより豊かになるための移動サービスの普及
車両から取得するデータ活用	●テレマティクス保険 ●プローブ情報活用渋滞回避 ●緊急通報システム ●盗難車両追跡	●適時メンテナンスの提案	●見守りサービス ●自動運転支援・自動運転
アプリケーションから取得する付随データ活用	●エネルギー利用状況把握・最適活用	●ライドシェア／カーシェア ●シームレスモビリティサービス	●エンタテインメント ●スマートホーム連携 ●コンシェルジュ
VtoX（路車間・車車間通信等）によるデータ活用	●ダイナミックマップによる最適経路案内・交通管制 ●危険検知・回避	●駐車場満空情報連携・事前予約	●隊列走行

車が普及することによって生まれた交通事故という問題を解決するために長年取り組まれてきた。そのためコネクティッド技術の中でも、V to X（Vehicle to X）技術を活用することで将来的には危険回避にも活用し、交通事故の発生を減らすことが可能となるなど、特に安心・安全に関わるサービスが重点的に取り組まれてきた。

近年はAIによる画像解析や、走行データなどのビッグデータ解析の新たな技術と共に、便利さの追求や、人々の生活を豊かにするための移動サービスを実現するための基盤として欠かせない技術となっている。これらの技術が社会にどのような付加価値をもたらそうとしてい

*3 筆者作成

るか、代表的なものについて順に見ていきたい。

緊急通報システム

緊急時には専用の緊急通報センターにダイアル接続され、音声通話もしくは、事故によってドライバーが応答できない場合でもGPSによる位置情報がセンターへ送信され、救急サービスが現場へ駆けつけることが可能となるサービスである。利用者から見たこのサービスの付加価値は、なんらかの身心の不調や不慮の交通事故により、自動車の操縦が不能となった場合に、即座に異常を警察・消防へ通報することで、一刻を争う場面において救助者が駆けつけるまでの時間を短縮することが可能になるため、生存率が高まるということである。

日本でサービスを提供しているヘルプネット®[*1]が示すデータによれば、一般的には事故発生から通報受理まで約8・6分かかり、救急車が到着するまで平均で約6・3分とのことである。仮にこの事故発生から通報受理までの時間を数分程度に短縮することができれば、呼吸停止状態からの死亡率は約90%から約25%に下がるとされている。緊急時には事故発生直後の処置が救命率、後遺症等に大きく影響するため、場所や状況等、救命活動に必要な正確な情報を、迅速に通報することが大切であるとのことである。これは安心・安

*1（株）日本緊急通報サービスが提供する緊急通報サービス

全の付加価値の中でも生命に関わる最も直接的な例である。

テレマティクス保険

テレマティクス保険とは、自動車に取り付けた装置によってドライバーの急加速や急発進、ふらつきなどの状況を記録し、安全運転への傾向によって保険料金の優遇を行うサービスである。三井住友海上火災保険がまず法人向けにサービスの充実化を図り、2016年5月時点で1万台を突破している[*2]。これはドライバーに、成績やアドバイスをスマートフォンでフィードバックするアプリケーションも提供されており、安全運転の意識を高める効果もある。商用車を管理する法人にとっても、安全運転意識を高め交通事故を減らし、社員の安全管理と共に社会全体の安心にも繋がる。

2017年以降、このテレマティクス保険は各保険会社から一般のドライバー向けにもサービスリリースが相次いでいる。急加速や急発進、ふらつきなどの挙動を記録する専用装置もしくは、ドライブレコーダーやスマートフォンと連動させたテレマティクス保険も販売され、前述した緊急通報システムもテレマティクス保険の専用装置に組み込んで提供する保険会社もある[*3]。自動車保険をきっかけにして最新のコネクティッド技術によってもたらされる安心・安全のための基盤が利用者へ浸透することはテレマティクス保険がも

*2 三井住友海上火災保険ニュースリリース
http://www.ms-ins.com/news/fy2016/pdf/0512_1.pdf
*3 あいおいニッセイ同和損保の商品説明
https://www.aioinissaydowa.co.jp/corporate/service/telematics/personal.html

たらす付加価値として非常に大きい。

渋滞予測・目的地設定のオペレーター対応

コネクティッドサービスの中でも重要なものの1つに車両に搭載された通信装置、もしくはスマートフォンから集めたGPSの情報により、車両の通行情報を解析し、渋滞かどうかを識別して目的地までのルートをダイナミックに変更提案するサービスがある。これらは一部のハイエンドサービスの中に位置付けられてきたが、スマートフォンの普及により機種やアプリケーションによってはこれらの機能を備えているものもある。

自動車に搭載されたナビゲーションシステムにおける目的地設定の操作が煩わしいときに、オペレーターサービスに接続してオペレーターに要件を伝えて、通信によって自動車のナビゲーションシステムに遠隔で設定するというものである。いつでも、だれでも、どこでもという要望を満たすためには、複雑な機能を操作するよりもオペレーターに話しかけることで、半自動的に設定できるこれらのサービスは付加価値として重要である。

駐車場空き情報の確認と目的地設定

駐車場の空き情報をリアルタイムに検索することは、自動車を運転していないときに、スマートフォンの操作に慣れているユーザーでさえ煩雑である。車載のナビゲーションシステムからこれらの機能を呼び出して、ＧＰＳから自車位置を把握し、即座に周辺情報を調べて提案し、選択した場所を目的地設定することは利便性が高い。ドライバーは目的地周辺で駐車場を探すためにさまようことがなくなり、都市部での交通渋滞の緩和や時間の節約にも繋がる。コネクティッド技術と駐車場の空き状況の監視情報を自動車に繋げることで、駐車場の空き情報は利便性を高める有益な情報として価値が高まる。

コンシェルジュサービス

コンシェルジュサービスとは、サービスを提供するオペレーターと車に取り付けられた通信モジュールで話し、要望を伝えて適切な行き先を通信によりナビゲーションシステムに設定するものである。例えば、ドライブに出かけた先で近くに人気のレストランはないか、景色のよい絶景スポットがないかなど、気軽にやり取りして、目的地設定できることは、ドライブをより一層楽しい時間にするだろう。

さらに自動運転時代を見据え、人が車の中で有意義に時間を過ごすために、バーチャルなパートナーとして、ＡＩがコンシェルジュの役割を果たすソリューションも開発されている。運転者が発話した音声を識別して、その人の行動パターンや好みに応じた情報提供を行うタイプのサービスや、自動車に搭載されたＡＩが運転者とインタラクティブなやり取りを行い、クラウド上の各種サービスや情報と連動しながら、目的やルート設定を行うサービスもある。さらには、視線移動によって対象物を特定し、関連する情報も連動させて提供することも可能となりつつある。これらのコネクティッドサービスは音声認識技術やＡＩテクノロジーの進化により、近年急速に進化している。

コネクティッドサービスからモビリティサービスへ

コネクティッドサービスの代表的なものを順に取り上げて見てきたが、安心・安全の追求から便利さ、人々の心がより豊かになるサービスの充実と技術の進化によって、コネクティッドサービスとして提供可能となる範囲も広がりつつある。これらは車両の状態や周囲の道路状況などの様々なデータをセンサーにより取得し、ネットワークを介して集積・分析し、車両にて活用することを想定している。

これらのサービス基盤の上に、さらに自動運転技術が確立されれば人と自動車の関わり方が大きく変わり、時間・空間・人間の３つの間の関係が変わるため、その変化を踏まえたサービスが必要となる。この領域はＭａａＳ（Mobility as a Service）という。本書ではモビリティサービスという用語で統一しておく。

自動車が通信技術によってインターネットに繋がることで自動車は移動手段としての付加価値から、より人間が人間らしく生活するために必要な付加価値が求められるようになるということである。コネクティッドサービスからモビリティサービスへの発展が近年ますます進んでおり、人々は特に意識することなくこのモビリティサービスの付加価値を享受できることになる。前述のコネクティッドサービスの分類例の中にもモビリティサービスと言えるものも含めて記載している。このテーマについては後述する。

1.4 自動運転

Googleは AIによる自動運転の走行テストデータを蓄積し、完全自動運転に向けて技術的にリードしている。一方、各メーカーはどうかというと、自動運転のレベル1から順に積み上げていきつつ、完全自動運転の実現に向け、開発を加速している状況である。今後20年先、30年先を見据えて、完全自動運転車が当たり前の時代には、もはや車は運転して楽しむモノとしての市場の成長は見込みにくくなるであろう。今日、メーカーの存在意義そのものが問われる時代となってきており、先を見据えてサービス事業者への変革を目指すような動きも出てきている。

自動運転技術が将来の覇権を握る上で重要となるため、主要な自動車メーカーの自動運転への取り組みがどのように行われているのか整理しておきたい。

トヨタ自動車の動向

トヨタ自動車は2015年10月に「Mobility Teammate Concept」を発表した*。

* トヨタ自動車プレスリリース
https://newsroom.toyota.co.jp/jp/detail/9751814

完全自動運転車が社会に浸透したとしても、一部では車はエモーショナルで楽しいモノとしての市場も残ると想定されるため、クルマを操る楽しさと自動運転を両立させるトヨタ自動車独自の自動運転の考え方は理にかなっていると言える。トヨタ自動車ではこのコンセプトの第1弾として、自動車専用道路において入口ランプウェイから出口ランプウェイまで自動走行することを可能とする「Highway Teammate」という技術を開発している。2020年頃の実用化を目指し、実験車を使って首都高速道路での合流、車線維持、レーンチェンジ、分流を自動運転で行う実走試験をすでに実施している。実際の交通状況に応じて車載システムが適切に、認知・判断・操作することにより、自動車専用道路での合流、レーンチェンジ、車線・車間維持、分流などを実現するということである。

また、2020年代前半に実用化を目指している「Urban Teammate」は、同様の機能を一般道で利用できるようにするもので、車両周辺の人、自転車などを検知可能にするほか、このシステムは地図データや交差点や交通信号の視覚データを利用し、その地域の交通規制に従って走行するように開発している。

また、トヨタ自動車では完全に自律した完全自動運転車に対してはオートノマスと呼び、人がほとんどあるいは全く直接のコントロールに関わらない車両の機能のことをオートメーテッドと呼ぶとのこと。これは、トヨタ自動車のクルマに対する考え方が現れている部分と考える。「自動運転」という言葉が氾濫し、本来は常に周囲に注意を払って運転する主体でなければならない場面において、技術が周囲に注意を払ってくれると誤解して注意義務を怠ってしまう恐れがあることをしっかりと意識していると言える。

日産自動車の動向

日産自動車は、2016年8月にプロパイロットという高速道路同一車線自動運転技術を搭載した自動車を初めて市場に投入し、2018年1月時点で累計7万5000台を発売したと発表している[*1]。高速道路において、アクセル、ブレーキ、ステアリングのすべてを自動的に制御し、渋滞走行や長時間の巡航走行などで感じていたストレスを大幅に低減すると、高く支持されているということである。

ただし、自動運転というプロモーションの仕方が利用者に完全自動運転をイメージさせる懸念もあるが、あくまでもサポートする機能ということである。運転の主体や責任はドライバーにあることは留意しておく必要があるが、日本の自動運転自動車において市場をリードしていると言える。

さらに、2018年には高速道路での車線変更を自動的に行う複数レーンでの自動運転技術、2020年までに交差点を含む一般道での自動運転技術を投入予定とのことであ

*1 日産自動車ニュースリリース
https://newsroom.nissan-global.com/releases/release-4a75570239bf1983b1e6a41b7d024ceb-180111-00-j?lang=ja-JP

る[*2]。最新の実験車両については、カメラ、ミリ波レーダー、レーザースキャナー、ＨＤマップを組み合わせて自車の正確な位置を把握し、交通量の多い交差点を含む複雑な道路環境を自動運転で滑らかに走行することを可能としているとのこと。

また、実環境に存在する複雑な交通シーンを解析するＡＩ技術を搭載しており、例えば高速道路の料金所に近づくと、システムが走行可能なＥＴＣゲートを検出し、そのゲートを自動運転で通過することも可能とのこと。

日産自動車はこれらの技術に加えて、電気自動車とコネクティッド技術を統合し、インテリジェントモビリティという自動車の新しい未来を目指している。２０１７年10月の東京モーターショーで発表された「ニッサン ＩＭｘ」はドライバーが運転に一切介在しない完全自動運転モードとして、「プロパイロットドライブモード（ＰＤモード）」を発表している。同時に「シームレス・オートノマス・モビリティ（ＳＡＭ）[*3]」というシステムを開発しているという。これは、完全自動運転モードで走行している自動車が予期せぬ状況に直面したときに、どう対処すべきかを正確に判断できない場合に備えて、遠隔で管制するシステムであり、予期せぬ状況を学習すると共に周囲の自動車に交通状況を伝達し、同様の状況が発生しないようにすることも行うとのこと。

すべての自動車の状況がクラウドで繋がることでお互いの自動車が助け合うことが可能

*2 日産自動車ホームページ
https://www.nissan-global.com/JP/TECHNOLOGY/OVERVIEW/autonomous_drive.html
*3 日産自動車ニュースリリース
https://newsroom.nissan-global.com/releases/ces-2017-j?lang=ja-JP

となるとも言える。完全自動運転社会の実現に向けて必要となるオペレーションの基盤まで見越した技術開発を行っている点で注目すべきである。

ホンダの動向

ホンダは、2015年2月よりホンダセンシングというADAS技術を搭載した自動車の販売を開始し、2020年頃には高速道路にて自動運転の実用化を目指している。また、研究開発子会社である本田研究所が、Googleを傘下に持つAlphabetの子会社Waymoと米国にて自動運転技術の共同研究を行うと2016年12月に発表し[*1]、完全自動運転の実用化に向けても開発領域を広げて対応を図っている。

また、2017年12月には人工知能（AI）の技術の1つであるディープラーニングを用いた画像認識、特に移動体を認識する技術に強みを持つ中国のSenseTime Group Limitedと、5年間にわたる共同研究開発契約を締結したと発表し、2025年には完全自動運転の実用化を目指すとしている[*2]。また、NVIDIAの自動運転開発用AIプラットフォームを取り入れて開発するなど、ホンダのアプローチはすでに有力なテクノロジーをオープンに取り入れて開発を加速させていると言える。

*1 ホンダニュースリリース
http://www.honda.co.jp/news/2016/c161222a.html
*2 ホンダニュースリリース
http://www.honda.co.jp/news/2017/c171207c.html

米国の自動車メーカーの動向

一方、米国では自動車メーカーだけでなく、ＩＴ企業も自動運転自動車を開発している点で日本とは大きく異なる。インターネットは米国国防総省の機関であるＤＡＲＰＡ（防衛高等研究計画局、旧ＡＲＰＡ）における国防対応から始まったと言われているが、自動運転技術が本格的に発展するきっかけとなったのもＤＡＲＰＡが主催した無人ロボット自動車レース「DARPA Grand Challenge」[*1]（２００５年）である。そこで優勝したスタンフォード大学のチームを率いていた人工知能研究者であった Sebastian Thrun[*2]（セバスチャン・スラン）氏が Google に参画し、ＡＩによる自動運転技術を切り開いていったと言われている。

そのような歴史からＩＴ企業が自動車業界の変革を巻き起こすきっかけになったということであり、技術革新がそのような賞金レースからもたらされたということは、リンドバーグが大西洋横断飛行に成功して賞金を獲得し、その後の航空産業に大きな影響を与えたことを連想させる。また、そういった技術革新や未来価値創造を目的とした現代の賞金レースは XPRIZE 財団など他でも開催されているところである。

その後、Google での自動運転開発部門は Alphabet 傘下の Waymo となり現在も完全自

*1 DARPA ホームページ
http://archive.darpa.mil/grandchallenge/docs/Grand_Challenge_2005_Report_to_Congress.pdf
*2 スタンフォード大学ホームページ
http://robots.stanford.edu/papers/thrun.stanley05.pdf

動運転の実現に向けて開発と公道での評価が続いている。２００９年のテスト開始依頼、２０１８年2月、市街の公道で累計５００万マイル以上を走行したと発表している。これは一般的なドライバー1人の３００年分の走行距離に相当するとのこと[3]。また、カリフォルニア州での公道テストは35万マイルにわたって行われ、人間が介入しなければならないディスエンゲージメント（自動運転モードの解除）の回数は約５５００マイルに1回[4]だったとのことである。

ライドシェアサービス企業のUberでは２０１６年9月に米国ペンシルベニア州ピッツバーグにて、万が一に備えてドライバーが同乗した状態ではあるが、自動運転車での配車サービスの公道テストを開始しており、２０２１年までに完全にドライバーレスな自動運転車を公道で走行させることを目指しているとのことである。２０１６年12月にはミシガン州で無人での自動運転公道試験が認可され、その後２０１７年9月にＮＨＴＳＡ（運輸省国家道路交通安全局）が連邦レベルで自動運転ガイドラインを改訂し[5]、事業者に対する無人での自動運転車の公道テストに対する申請基準が明確となり、各州へ導入が進みつつある。

Uberと同様にライドシェアサービス企業のLyftでも事故の低減や交通渋滞の解消、個人所有車の減少による駐車スペースの公園化や住居化などの促進をもたらすべく、ドライ

*3 Waymo ホームページ
https://waymo.com/ontheroad/
*4 カリフォルニア州車両管理局ホームページの Waymo 報告書
https://www.dmv.ca.gov/portal/dmv/detail/vr/autonomous/disengagement_report_2017
https://www.dmv.ca.gov/portal/wcm/connect/42aff875-7ab1-4115-a72a-97f6f24b23cc/Waymofull.pdf?MOD=AJPERES
*5 NHTSA プレスリリース
https://www.nhtsa.gov/press-releases/us-dot-releases-new-automated-driving-systems-guidance

バーレスの完全自動運転の実現を目指しているが、2018年1月に開催されたCES（Consumer Electronic Show）の会場への案内に提携したAptivの自動運転自動車によって配車を行い[*6]、一般客が乗車した公道での評価まで開発を進めている。

また、自動車メーカーのGMは高速道路での自動運転ではなく、高速道路での高精度な3Dマッピング技術とドライバーの注意を常に監視するシステムによって、安全とみなされた高速道路領域において手放し運転を可能とし、ドライバーの不注意が継続しないかを監視し続けて適切に対処する高度運転支援システムと言える[*7]。これは完全自動運転技術を2018年モデルに搭載し販売すると発表している[*7]。

新興自動車メーカーのTeslaの企業価値を示す時価総額が、2017年4月10日に米国大手のGMやFordを抜いて米国自動車メーカーではトップとなったと報じられたが[*8]、電気自動車だけでなく、自動運転技術でも市場をリードしている。同社は2015年10月以降にソフトウェアのOTA（Over the Air：無線通信）アップデートにより高度にドライバーを支援する自動運転機能のリリースを開始した。これは完全自動運転機能ではなく、SAE International（モビリティ専門家を会員とする米国の非営利団体）が定義する自動運転のレベル2に相当する[*9]とのこと。自動車がドライバーの運転を補助するものであり、運転責任はドライバーであることを前提としたものである。また、所有者は自宅のWifi経由

*6 Lyft ホームページ
https://blog.lyft.com/posts/lyft-ces-2018
*7 GM ホームページ
http://media.gm.com/media/us/en/cadillac/news.detail.html/content/Pages/news/us/en/2017/apr/0410-supercruise.html
*8 日本経済新聞 2017/4/11
*9 Tesla ホームページ
https://www.tesla.com/jp/blog/your-autopilot-has-arrived

でインターネットに接続することで、ディーラーに持ち込まずにソフトウェアの更新・書き換えを行う[10]。このソフトウェアのメンテナンス方法は他の自動車メーカーには見られない特徴的なものである。

欧州の自動車メーカーの動向

欧州の自動車メーカーでは、Volkswagen GroupのAudiは２００９年頃から自動運転に取り組み、２０１７年６月にはSAE Internationalが定義する自動運転レベル３の公道での走行テストを進め、２０１７年11月末よりドイツにて販売を開始している。自動運転レベル３（ただし、時速60㎞以下の高速道路上の交通渋滞時対応）の市場への販売は世界初であり、国ごとに車両の認証規程や道路交通に関する法律などで自動運転レベル３に対応したものでなければ販売することができない[1]。

ドイツでは道路交通法規の前提となるウィーン条約の批准国であり、ウィーン条約が２０１６年３月に対応する条項が付け足され施行されたことが大きい。Daimlerでは自動運転のレベル４以上の開発をBoschと進めており、２０２０年代初めまでには販売を開始できるようにすると発表している[2]。BMWはIntelとMobileye（現在はIntelに買収・統合されている）と共に２０２１年に自動運転レベル４以上の販売を目指して協働するこ

*10 Tesla ホームページ
https://www.tesla.com/jp/support/software-updates
*1 Audi プレスリリース
https://www.audi-press.jp/press-releases/2017/TMS2017/press_information_Audi_A8_JPN_final.pdf
*2 Daimler ホームページ
https://www.daimler.com/innovation/case/autonomous/bosch-cooperation.html

とを発表している。また、2018年のモバイルワールドコングレスで自動運転のレベル5相当のデモンストレーションを行っている[*3]。

完全自動運転を目指した各国の取り組み

日本においては、政府が中心となって2020年を目途に準自動走行システム、2025年を目途に完全自動走行システムを市場化する目標を掲げている。この自動運転実現に向けた目標が設定された背景としては、国家としてのIT戦略により強い経済成長をもたらし、社会問題解決を図る「世界最先端IT国家創造宣言」が2013年に発表されたことが大きい。

また、同じ時期に内閣府が中心となって経済再生と持続的成長の実現を目指すべく、内閣総理大臣、科学技術政策担当大臣のリーダーシップの下、戦略的イノベーション創造プログラムという国家プロジェクトを発足し、科学技術を俯瞰して、総合的・基本的な科学技術・イノベーション政策の企画立案および総合調整が進められてきた。

そして、この戦略的イノベーション創造プログラムが定義した次世代への革新に向けた11個の課題のうちの1つが自動走行システムという課題である[*1]。2013年12月に参与が決定し、その後、IT本部道路交通分科会とSIP自動走行推進会議が共通のロードマッ

*3 BMW ホームページ
https://www.press.bmwgroup.com/global/article/detail/T0261586EN/bmw-group-intel-and-mobileye-team-up-to-bring-fully-autonomous-driving-to-streets-by-2021?language=en
https://www.press.bmwgroup.com/global/article/detail/T0278771EN/the-bmw-group-at-the-mobile-world-congress-2018

*1 SIP ホームページ参照
http://www8.cao.go.jp/cstp/gaiyo/sip/sympo1810/about.html

プとして「官民ＩＴＳ構想・ロードマップ」*2が描かれた。以降、このロードマップにのっとって活動が加速され、成果に繋がっている。このような社会課題の解決と持続的経済成長を狙って、戦略的にイノベーションを起こす活動が行われてきたことは留意しておきたい。現在の自動運転社会の構築に向けて、国全体が１つの方向に向かって活動できているということは特に重要な視点である。

今後10年から20年の間に完全自動運転の自動車が進展していくと思うが、そのために必要な技術開発やそれらがもたらすビジネスモデルの革新により、今後の自動車産業は大きく変化していくことになると考えられる。技術的な側面からは、従来のＡＤＡＳの発展型の開発により、安心・安全を追求する高度運転支援システムによってドライバーに心理的な安心感をもたらすニーズは今後ますます自動車メーカーに求められる。

それらのシステムと合わせて、前述のITS Connectのような協調性のＡＤＡＳとダイナミックマップなどの高精度な動的地図情報サービスとコネクティッドサービスが統合され、より高度な安心・安全サービスへと発展するだろう。また、近年急激に発展しているディープラーニング技術によって、完全自動運転車を実現し、事故を起こさないシステムの開発が多くの企業によって進められている。こうした技術の高度化と合わせて、社会に適用される範囲も徐々に増えていくと考えられる。

*2 高度情報通信ネットワーク社会推進戦略本部（ＩＴ総合戦略本部）官民 ITS 構想・ロードマップ 2017
http://www.kantei.go.jp/jp/singi/it2/kettei/pdf/20170530/roadmap.pdf

日本国内ではまだ自動運転レベル3以上は市販されていない。日本や米国が批准しているジュネーブ条約は改正法が採択されたが、批准国の必要賛成数が得られずまだ施行には至っておらず、UNECE（United Nations Economic Commission for Europe：国際連合欧州経済委員会）でドライバータスクや想定外の状況における制御についての解釈について議論が行われているところである[*3]。これが施行されて日本国内の道路交通法や保安基準などが見直されて初めて実現に一歩近づくことになる。

当初は一部の敷地内や限定された道路区間や高速道路などでの自動走行運転が、事業者もしくは一般ドライバーによって利用され始め、徐々に範囲が広がり一般道路にも適用されることになるだろう。また、これらの交通の仕組みが変わることによって、人と自動車と社会の関係も大きく変わることになる。これらの関係性の変化は、自動運転社会を実現する上では避けられない。

より安全な交通社会を構築するためにも、国際的にリードする立場で新しい社会への変化を促進するような取り組みが必要となる。現在日本では政府主導で高度自動運転社会を実現するための制度整備大綱[*4]をまとめつつある。その中で、安全基準の考え方や交通ルールのあり方、事故発生時の責任の関係についての基本的な方針が明示されようとしている。

一方、海外の自動運転に関する法制度の動向も見ておきたい。米国カリフォルニア州に

*3 UNECEホームページ
https://www.unece.org/fileadmin/DAM/trans/doc/2017/wp1/ECE-TRANS-WP1-S-INF-2017-4e.pdf
*4「自動運転制度整備大綱に向けた基本的考え方（案）」2017年3月28日内閣官房IT総合戦略室
http://www.kantei.go.jp/jp/singi/it2/senmon_bunka/detakatsuyokiban/dorokotsu_dai4/siryou3.pdf

おいては、２０１４年には有人での自動運転に関わる公道での試験、２０１７年11月に完全自動運転に関わる制度枠組みについて定めており、有人・無人問わず申請に基づき自動運転の公道での試験を認可制としている[*5]。また、ドイツでは２０１７年３月には自動運転レベル３相当の公道での実用化についての道路交通法改正案が議会で可決され5月に改正された。条件付きでシステムによる自動運転を認めるものであるが、システムが安全に運転できないと判断した場合、ドライバーが遅滞なく運転を引き受ける義務があると明記されている[*6]。

国内・海外ともにオーナーが運転する際の自動運転の実現、事業者が運営する際の無人運転それぞれを実現するために、公道での検証が可能となり責任についても明確化され始めた段階であり、今後さらに現実的な検証を踏まえて技術面や法制度の課題が掘り下げられていくと考えられる。

*5 カリフォルニア州自動車局の発表
https://www.dmv.ca.gov/portal/dmv/detail/vr/autonomous/auto
*6 ドイツ道路交通法
http://www.gesetze-im-internet.de/stvg/index.html
http://www.gesetze-im-internet.de/stvg/__1b.html

1.5 モビリティサービス

Uber の躍進

ライドシェアサービス企業である Uber の現在の事業の主力は、利用者がスマートフォンの専用アプリから指定した場所に契約ドライバーが出向きピックアップして、予め指定した場所まで利用者を運ぶビジネスモデルである。このビジネスモデルは、契約ドライバーが普段自家用車として使用している自動車（リースも含む）をビジネス用に共有するものである。これはシェアリングエコノミーとも呼ばれるビジネスの1つであり、近年ではヒト・モノ・カネについて、インターネットによって需給を結びつけるサービスを提供するビジネスが成長している。

特にライドシェアの場合は人々の移動したいというニーズと、移動を助けるために自動車と時間と輸送労働力の供給を結びつけ、依頼から決済までをすべてスマートフォンで完結させるサービスを提供するモデルであり、近年急速に世界で普及している。さらには、サービス利用者は不特定の個人が同乗することで、1台のドライバーをシェアして移動費用を抑えることも選択できる。このようにライドシェアも含め、人々の移動についてのニーズに関連してなんらかのサービスを提供するビジネスのことを、先にも述べたが全般にMaaS（Mobility As A Service）と呼ぶ。

Uberは2011年にハイヤーサービスとして始まったが、2018年2月時点では78を超える国と地域の600都市以上でサービスが提供されている*。時価総額はすでに5兆円を超えているが、この6、7年で急成長した企業であり、Uberがサービス提供している地域ではタクシー事業者が倒産するなど、自動車とインターネットのサービス融合によって破壊的イノベーションを起こしている典型的な例である。

さらに、完全自動運転車でサービスを実現した暁には契約ドライバーが不要となり、一気にコストを下げることができると同時に、契約ドライバーによるサービスレベルのばらつきをなくしてサービスレベルの向上にも繋がる可能性があり、今後もビジネスの成長が見込まれている。

これらのサービスの付加価値は、利用者にとっては利用したいときだけ利用し、所有の無駄をなくすことでリーズナブルとなり、快適性や経済的時間的効率性が高まるメリットがあると同時に、都市や社会にとっても駐車スペースを省き公園や住宅に変えられるなど

* Uber ホームページ
https://www.uber.com/ja-JP/newsroom/uber-japan-2018/

メリットがある。

Uberなどのライドシェアサービスは各国の規制にも影響される。日本では道路運送法やタクシー事業適正化に関する法律などで、一般ドライバーが参入できないように規制されている。そのため、Uberのサービスは日本では本格展開できておらず、配車アプリを使って日本のタクシー事業者と連携してタクシーを配車する方向で事業展開しようとしている。安全管理の必要性や公共性の高いものを国の管理下に置くか、市場経済の原理にのっとり事業者間の競争によりサービス革新を促すかは、国ごとに考え方が異なる背景があると考えられるが、自動運転システムや高度運転支援システムが実用化されるようになれば、安全管理に対する考え方が変わる可能性もある。ドライバーに頼らないほうが安全ということが実証されれば、タクシー事業適正化についての考え方も変わることが想定されるだろう。

日本におけるモビリティサービス

日本におけるモビリティサービスには、ライドシェア以外でも動きが活発である。DeNAのAnycaは個人所有の自動車をレンタカーのように個人に貸し出すCtoCのカーシェアサービスを提供しており、２０１７年９月時点で累計９万人の利用があったとのこと[*1]。また、BtoCでカーシェアサービスを提供しているパーク24はタイムズカープラスという事業を展開しており累計で90万人の利用があり、２０１３年以来平均で１３８％と急成長している[*2]。

中長距離移動にフォーカスしたCtoCのライドシェアサービスとしてnottecoというマッチングサービスがあるが、会員数は2万５０００人を突破し順調に伸ばしている。このサービスは予め設定した実費の範囲内の金額を同乗者が負担することで相乗りさせる事業ということで、道路運送法に抵触しないとのことである[*3]。地方都市の過疎化に対する課題解決策の１つとしても注目されている[*4]。

自動車メーカーもシェアリングサービスに乗り出している。日産自動車は２０１８年１月15日からカーシェアリングサービスを開始し[*5]、東京、大阪など9都府県の約30か所の日産自動車販売店や日産自動車レンタカーの店舗で最新の電気自動車をレンタルできる。こちらは従来のレンタカービジネスをより手軽にしたもので、最新の電気自動車を15分単位の短い時間から利用できることがメリットである。また、トヨタ自動車は２０１６年10月末にカーシェア等のモビリティサービスに向けたモビリティサービス・プラットフォームの構築を推進すると発表している[*6]。さらに２０１８年2月にJapanTaxiへ出資し、JapanTaxiが構築しているお客様の乗車体験を高めるためのデジタルプラットフォームと

*1 Anyca ホームページ
https://anyca.net/campaign/infographic_201709
*2 パーク 24 2017 決算資料
http://v4.eir-parts.net/v4Contents/View.aspx?template=ir_material&sid=83681&code=4666
*3 notteco プレスリリース
https://cp.notteco.jp/20170605-3486.html
*4 notteco プレスリリース
https://cp.notteco.jp/20171101-5787.html

の連携を、より一層強化していくと2018年2月に発表している[*7]。日本の自動車メーカーもモビリティサービスという面で次世代のニーズを踏まえた対応を加速させている。

モビリティサービスには自動車利用のニーズに対するマッチングだけではなく、駐車場利用のニーズに対するマッチングもある。akippaは日本全国の空いている月極駐車場や個人の駐車場を簡単にシェアでき、利用者はスマートフォンから予約もできるサービスを2014年4月より提供している。

モビリティサービスを物流の側面から見た場合は、ヤマト運輸とDeNAが自動運転社会を見据えた次世代物流サービスの実現を目指して「ロボネコヤマト」プロジェクトを実施している[*8]。これは、オンデマンドで利用者が指定した時間・場所に荷物を自動運転配送車で配達し、利用者が無人配送車の宅配ボックスから取り出して受け取るというものである。国家戦略特区である神奈川県藤沢市の一部地域での実証実験であり、実際には無人配送ではなく万が一に備えてドライバーが同乗している。2017年4月17日から2018年3月末まで行われ、2018年を目途に一部の配送区間における自動運転の導入を予定しているとのことである。こうした取り組みはドライバーの人手不足の課題解決を目的に前述の「官民ITS構想・ロードマップ」でも描かれており、一部の限定区間において商用利用における完全自動運転の実現が一般利用よりも先行することになる。

*5 日産自動車ホームページ
https://newsroom.nissan-global.com/releases/release-2f7966f516e271fc4ea0f79a9a078cbf-171208-01-j?lang=ja-JP
*6 トヨタプレスリリース
https://newsroom.toyota.co.jp/jp/detail/14096246
*7 トヨタプレスリリース
https://japantaxi.co.jp/news/cat-pr/2018/02/08/pr.html
*8 ヤマトホールディングスプレスリリース
http://www.yamato-hd.co.jp/news/h29/h29_06_01news.html

一般利用における完全自動運転車を活用したモビリティサービスついても実証実験が開始されている。２０１８年2月に日産自動車とDeNAより発表された「Easy Ride」交通サービス[*9]は、限定領域ではあるが、完全自動運転車によって神奈川県のみなとみらい地区で実施され、周辺のイベント情報やレストラン情報なども、搭載されたタブレットに表示され、混雑状況を確認して予約までできるとのことである。２０２０年代早期に本格的なサービス展開を目指すとしており、近年増加している訪日観光客への対応や地域経済の活性化などにも期待できる。モビリティサービスによって新たな付加価値をもたらすわかりやすい事例でもある。

海外におけるモビリティサービス

一方、グローバルで見た場合、欧州などで先行しているcar2goというカーシェアサービスがある。運営しているのは自動車メーカーのDaimlerのグループ会社であるCar2goであり、２０１８年3月に１００％子会社化した。２０１７年の1年間でヨーロッパ、北米、中国において約３００万人が利用したとのことであり、今後さらにモビリティサービスのポートフォリオを拡大するとのこと[*1]である。

同じくDaimlerのグループ会社であるmoovel[*2]は、スマートフォンのアプリ上で目的

*9 日産自動車ホームページ
https://newsroom.nissan-global.com/releases/release-fb0c7bf8bb480413626614af4104c72e-180223-01-j
*1 Daimler ホームページ
http://media.daimler.com/marsMediaSite/en/instance/ko/Daimler-Mobility-Services-purchases-Europcar-Groups-25-stake-in-car2go-Europe-GmbH.xhtml?oid=33858929
*2 moovel ホームページ
https://moovel-on-demand.com/en
https://www.moovel-group.com/en/press/on-demand-ridesharing-moovel-group-and-karlsruher-verkehrsverbund-offer-an-additional-mobility-service-during-the-it-trans-conference-and-exhibition

地を指定すると、電車やバスの公共交通機関と、配車サービスやカーシェアやレンタル自転車などを組み合わせて最適な移動ルートを検索するだけでなく、予約や決済まで実行できるサービスを提供しており、現在欧州の7都市と米国、オーストラリアなど合わせて10都市以上ですでに利用されている。同じく、Daimlerグループ会社で配車サービスを提供しているmytaxiを合計すると1800万人のユーザーが登録されており[*3]、モビリティサービスの会員数では世界で1、2を争う規模と実績である。加えて自動車メーカーという立場にありながら、都市交通のあり方を最適化する付加価値をすでに提供している点は、次世代の自動車産業を取り巻く情勢を見据えた動きととらえられる。

また、モビリティサービスで最も先進的な取り組みをしているのはフィンランドのMaaS Globalである。Whimというスマートフォンのアプリを使い、公共交通機関や配車サービスなどを組み合わせて最適なルートを検索するだけでなく、月額固定料金に応じて可能な移動手段を自由に何度でも利用できるようにする[*4]ことで、自動車を所有しておきながら、公共交通機関を利用するといった不合理をなくし、シェアリングサービスを駆使して人々が自由に移動できるようにする革新的なモビリティサービスと言える。

近年では中国企業の滴滴出行（ディディチューシン）が、世界最大の配車サービス会社に成長した。スマートフォンのアプリケーションを通じて4億5000万人以上の利

*3 Daimler ホームページ
http://media.daimler.com/marsMediaSite/en/instance/ko/Daimler-Mobility-Services-purchases-Europcar-Groups-25-stake-in-car2go-Europe-GmbH.xhtml?oid=33858929
*4 whimapp ホームページ
https://whimapp.com/2017/11/20/whim-brings-10e-taxi-rides-new-mobility-services-packages-today/
https://whimapp.com/monthly-plans/

用者に様々な交通手段を提供しており、1日当たりの乗車数は約2500万件に達し、2100万人を超えるドライバーと車両オーナーが滴滴出行のプラットフォームを利用しているとのこと。また、滴滴出行は、交通、環境、雇用における課題解決のため、各地域の関係者やグローバルでのライドシェアサービスを提供するGrabやUberやLyftなどのパートナー企業との連携に注力しており、世界人口の70%をカバーするとのことである。日本でもソフトバンクと協業して中立な日本のタクシー配車プラットフォームの構築を目指すとのことであり[*5]、グローバルでのエコシステム構築の動きに日本もオープンに対応しなければ世界の流れから取り残されることになる。

*5 ソフトバンクプレスリリース
https://www.softbank.jp/corp/group/sbm/news/press/2018/20180209_01

第2章

モノづくりから
サービスの創造・社会
との融合へ

ここまでは、テクノロジーの進化とそれによってもたらされる付加価値の変化について整理してきた。ここでは今後の自動車産業を展望する上で、現在起きつつある産業構造の変化や今後の方向性、およびＫＳＦについて考察したい。

2.1 自動車産業の構造変化

2.1.1 ビジネス環境の変化

今後ますます、コネクティッドカーとインターネットに繫がることを前提とした新たなモビリティサービスが普及し、完全自動運転車がサービスの一部として融合されるだろう。通信システムを搭載した自動車のデータがリアルタイムに分析され、最適な経路案内が行われるようになり、渋滞が緩和されると共に、事故が減り、安全で高効率な社会が実現されるだろう。自動車産業にとってはＩｏＴ／ＩｏＥの進展に伴い、インターネット業界やベンチャーからの参入により、モノとデータとサービスを融合したビジネスを構築す

自動車産業を取り巻く環境*

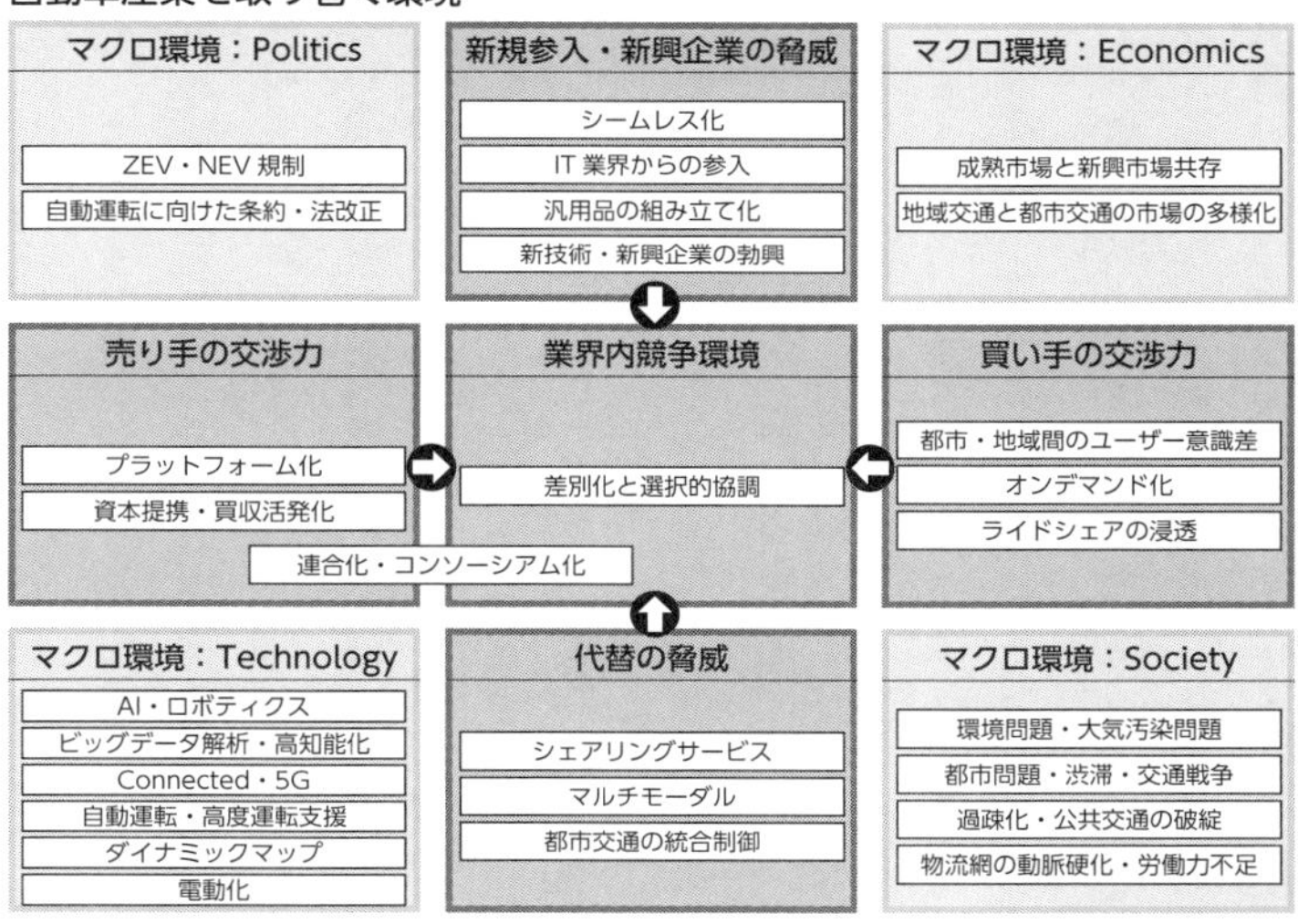

る動きが加速し、競争が激化していると言える。自動車産業を取り巻く環境はどのような状況に置かれているだろうか。

上図「自動車産業を取り巻く環境」はマクロ環境と5Forcesを大まかに整理したものである。中心に置かれる自動車メーカーのポジションを取り巻く環境は、様々な背景から厳しさを増していると考えられる。AIやロボティクス、ビッグデータ解析技術の進化、通信技術の発達、ダイナミックマップの開発や電動化などの新しいテクノロジーの発達が同時並行で進んでいることや、地球温暖化に影響する大気汚染物質の排出、モータリゼーションの

* 筆者作成

都市部での発達による交通事故の増加、高齢化の進展に伴う過疎地域での公共交通機関の破綻、Ｅコマースの発達に伴う物流量の増加と労働力不足の問題など、社会的な問題に対する対応を迫られている。各国政策も燃費規制や排出ガス規制を強化する動きがあり、環境に対する人々の意識も変わりつつある。これらのことに同時に対応を迫られていることが、自動車産業はおよそ１００年間の歴史の中で経験したことのない最大の変革期に直面していると言われるゆえんである。

2.1.2 これまでのビジネスモデルの限界

これらのビジネス環境の変化に対応するためには、自動車メーカーやサプライヤーはどのような取り組みが必要となるのか。まず、これまでの自動車生産・販売のビジネスモデルを概観し、ビジネス環境の変化に対応するための課題について考察したい。

これまでの自動車産業の中で重要と考えられていたケイレツの連合体は、大量生産時代の課題解決には有効であったと考えられる。自動車メーカーとサプライヤーの協業のもと、サプライヤーはいかに速く・安く・品質高く・タイムリーに・適切な量でメーカーの意図する部品や半製品をつくり、メーカーに納めるか、メーカーは販売動向を踏まえた供給計画のもと在庫を持たずにサプライヤーと協業し、自動車を企画・設計・生産・販売・

アフターサービスをいかにして統合して成立させるかということを追求してきた。

　これは、生産量を一定量まで増やせば1台当たりのコストは低減できることから、大量生産により経済合理性を高めるという前提があり、そのような売れ筋の商品を企画することが企業の収益を左右する要因となった。そのため、ライン生産方式で生産を行うことで生産性を高めて、大量に均質な製品を生産していた。市場が成熟してからも、自動車に求められる要素は、家族でレジャーを楽しむための道具から、走る歓びを追求するものまで多様化していったが、変わらずガソリンエンジンやディーゼルエンジンなどの内燃機関による自動車が主流であった。

　一方、時代の進化によりIT業界を中心に様々な革新が起き、人々の生活がインターネットを前提にした社会に変わり、ユーザーのビッグデータが価値をもたらす時代に変わった。その進化の中で、社会全体が今まで以上に個人の感性やニーズに対して敏感になり、その少しの違いをカスタマイズしてモノづくりやサービスを提供することが求められるようになった。自動車さえもインターネットに繋げてサービスを提供することが付加価値として人々に意識され、これによって自動車に対する多様なニーズを識別して、製品やサービスに反映していくことが重要となった。

　モノづくりの観点から見れば、多品種少量生産へのシフトといった見方もある。これはこれで重要な考え方であり、従来のライン生産方式から多品種少量生産を前提にビジネスプロセスを整備し、タイムリーに消費者の要望に応えていくことも時代の要請である。そして、自動車は徐々にハードウェアとしてのモノから、ソフトウェアを搭載したデジタルデバイスとして変貌しつつある。そうするとこれまでのモノづくりの概念に加えて、ソフトウェア開発の概念を取り入れなければならない状況となった。

自動車にソフトウェアを搭載し始めたのは、ＥＣＵ（Engine Control Unit）というマイクロコンピューター製品によってエンジンを制御するために開発されたことがもともとであり、徐々にハードウェアをマイクロコンピューターで最適制御する方式が広がっていった。そしてカーナビゲーションシステムやインフォテインメントシステムの登場で、さらにソフトウェア開発の比重は増えていった。そして第1章でも見てきた通り、ここ数年で一気にコネクティッドサービスや自動運転、モビリティサービスへと広がっていった。

ここまで進むと、もはやソフトウェア開発が自動車の付加価値の大半を占めることになり、ソフトウェアの魅力度や完成度が自動車の付加価値を左右するため、自動車メーカーやサプライヤーは対応に力を注ぐ必要が出てくる。これまで１００年のスパンで成長してきた自動車メーカーやサプライヤーが、この数年に起きている時代変化への対応を一気に進めることは非常に難しい。なぜなら、コネクティッドサービスや自動運転、モビリティ

自動車産業のビジネスモデルの変化*

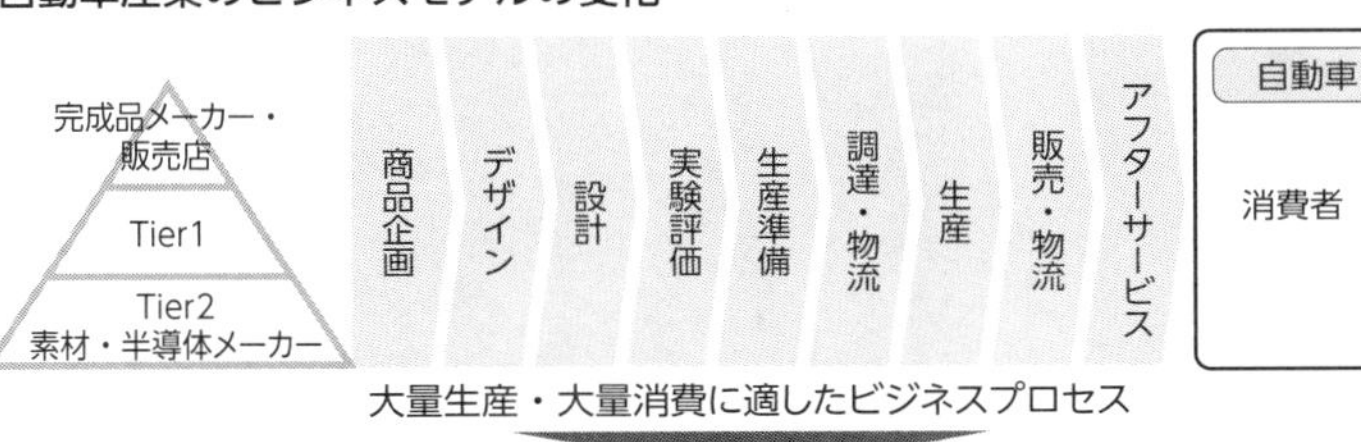

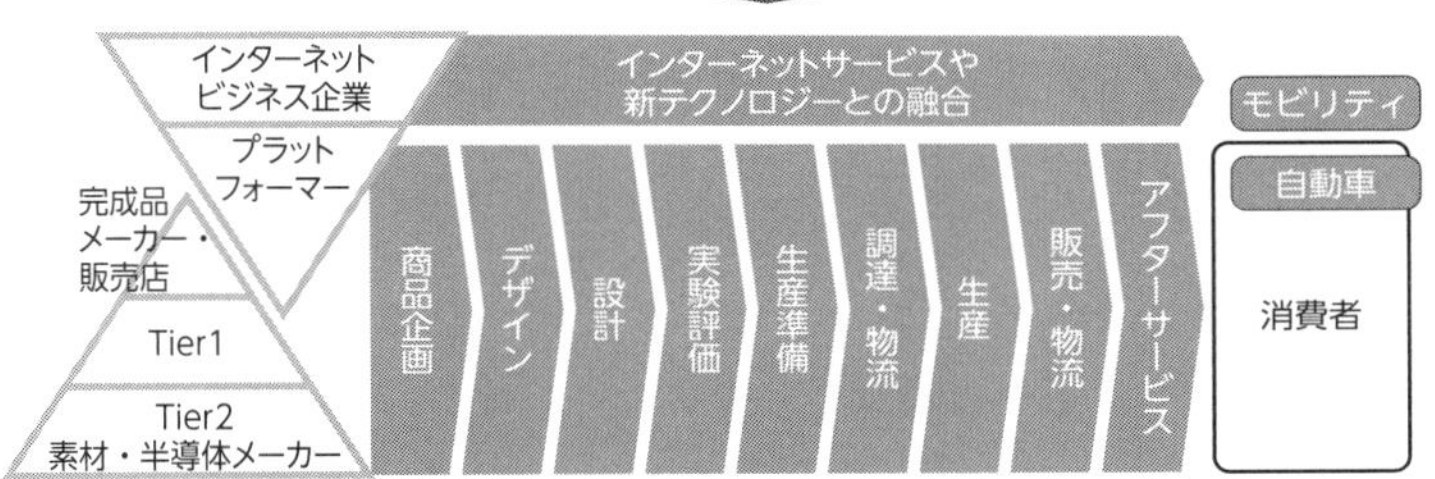

サービスは自動車産業の中で生まれたものではなく、他の産業から持ち込まれたものであり、それらに対応できる人材をまず確保することが難しいからだ。

GoogleやTeslaやUberなどの新規参入も相次ぎ、またWhimやmoovelといった新たなモビリティサービスプラットフォームが広がり始め、一気にそうした新たなビジネスへの取り組みも余儀なくされる競争環境となった。これによって自動車そのものの価値よりも、モビリティという新しい価値観に対応して新しい収益モデルを構築しなければ業界をリードしていけない時代に突

* 筆者作成

入している。

2.1.3 産業構造の変化

シームレス化・コンソーシアム化・プラットフォーム化の動き

ビジネス環境の急激な変化は、自動車産業のピラミッド構造に大きな影響を与える。従来のバリューチェーンにインターネットサービスや新テクノロジーを融合した、新たなビジネスモデルが必要となる。現在の自動車メーカーやサプライヤーは、変化する市場環境に対応するためには、既存のビジネスモデルにおける課題を踏まえて柔軟に対処する必要がある。

自動車産業は今ではこうしたビジネス環境の変化に対応するために、シームレス化・コンソーシアム化・プラットフォーム化が劇的なスピードで進んでいる。もはや自動車産業というくくりで考えては時代に取り残されることになる。ガソリン車は部品数が10万点以上の複雑な部品の組み合わせ製品であることに対して、電気自動車は部品数がそれよりも大幅に少なくなるため、新興メーカーの参入が比較的容易になる。例えばTeslaやBYDは近年急速に販売台数を伸ばしている上に、家電メーカーのDysonが電気自動車製造に乗り出している[*1]ことはこのことを端的に表している。

ソフトウェア開発という点では、より一層開発力が求められる。自動車メーカーもサプライヤーも自前でなんとかするという従来の自前主義では立ち行かなくなり、インターネットビジネスのソフトウェア開発で実績を積んできたIT企業と協業・提携・合弁・買収などが活発となってきている。例えば自動車側に搭載されたコンピューターで、ダイナミックマップやコネクティッドサービスに関わる基盤づくりを推進するAECC（Automotive Edge Computing Consortium）や5GI2（5G Innovators Initiative）、5GAA（5G Automotive Association）などの団体は、IT・通信・半導体・自動車・自動車部品メーカーなどが業界横断で立ち上げたもので、コンソーシアム方式で次世代の自動車を開発するために結成されている。

プラットフォーム化としては、自動運転や5Gなどの次世代技術を使用する自動車にはコンピューティングパワーが重要となるため、半導体メーカーが自動運転の開発プラットフォームを開発してそれを自動車メーカーに提供する動きがある。例えば、NVIDIAはコンピューターでのグラフィック処理用のGPUを製造販売する半導体メーカーであるが、近年は自動運転処理用のコンピューターを開発し、多くの自動車メーカーやサプライヤー、ソフト開発会社、研究機関に採用されている[*2]。

*1 日本経済新聞 2017/9/27
*2 NVIDIA ホームページ
https://www.nvidia.com/ja-jp/self-driving-cars/partners/

こうしたシームレス化・コンソーシアム化・プラットフォーム化の動きは、自動車をプロダクトとして生み出す際のバリューチェーンの様々なフェーズにおいて、これまで自動車メーカーを頂点としたサプライヤーと自動車メーカーの垂直統合された産業ピラミッドだけではなく、他業界とも連携した水平方向の動きも求められていると言える。

モノからサービスへ

自動車産業で見過ごせない大きな変化の1つに、自動車を購入する人々の自動車に対する意識や考え方が変化しつつあることも挙げられる。前述の通り、Uberや滴滴出行などのライドシェアサービスや、moovelやWhimなどのマルチモーダルサービスの普及とともに、自動車を所有しないスタイルが人々に徐々に受け入れられていることから、30年後の将来の自動車販売や所有台数は大幅に減少するという予測もある。

これらのシナリオは様々考えられるが、第1章でも見てきた通り、自動車に対する人々の価値観や、自動車そのものの付加価値の変化による影響が大きいと考えられる。特に大きな付加価値の変化として、自動車がモノからサービスの一部としてとらえられるようになりつつあることが挙げられる。

すなわち、自動車は人々の移動のニーズを満たし、利便・快適性を享受する手段であったが、EV、コネクティッド、自動運転と次々に技術革新が進み、それらを組み合わせることで、今まで以上の安全性・利便性・快適性・経済性・効率性など様々な便益が享受できるようになってきた。

これまでと同じくらいの経済性・社会的コストで、様々な場所への移動をラストワンマイルも含めて安全に移動できるようになると、操縦する楽しさなど完全にはなくならないが、人々が自動車を購入して操縦する理由は徐々に小さくなっていくだろう。こういったシナリオから30年後にはすでにそのようなサービスが社会に浸透し、人々の意識も変わってくることで自動車を所有しない社会が到来すると考えられる。

もちろん完全に所有する人がいなくなるわけではなく、都市部や過疎地域など地域の特性によっても状況は異なる。公共交通機関が発達した人口過密地域では、自動車を所有するメリットよりも、必要なときにシェアド化されたモビリティサービスによって移動するメリットのほうが大きいだろう。公共交通機関があまり発達していない地域では、自動車はなくてはならない移動手段であるが、一定の移動の利便性が確保されれば、所有する割合も減るだろう。

また、過疎地域では高齢化問題に対する解決策としても、公共交通サービスの運営費用の低減としても効果が期待できるため自動運転化されたシェアドモビリティサービスは地域の足として欠かせなくなるだろう。

こうした動向から、自動車は人々が移動するというニーズを満たすためのサービスを提供する手段となり、ニーズを満たすサービスは多様化する。国や地域のこれまでの自動車市場の成熟状況も、モビリティサービスの発展に影響すると考えられる。すでに所有することで運転する楽しさや歓びを享受してきた経済力を持った先進諸国の利用者にとっては、そういったニーズは一気にはなくならないため、利便性などを重視した市場構成に変わるまでにはある程度の時間がかかると想定される。一方、新興国では、所有することによるメリットよりも利便性を享受することが優先されると想定され、モビリティサービスを提供できる条件が整えば一気に広がっていくと想定される。

スペックありきの企画・販売からの脱却

このようにモビリティサービスが市場に浸透していくと、車づくりのプロセスにも影響する。商品企画段階では、完全自動運転車やそれを活用したモビリティサービスを提供するための総合企画となるため、モノづくりからサービスづくりへと発想を転換しなければならなくなる。もはや自動車メーカーがこれまでに行っていたビジネスプロセスとは大きく変わることになる。

次世代のモビリティ社会においては、オープンに協調するべき領域は協調して標準化しつつ、差別化領域では自社の考えるサービスを具現化するために様々なプレイヤーと連携して、ビジネスとして成立させる能力が求められることになる。またこれらの取り組みは無駄な自動車所有を減らすと同時に、大気汚染を抑制するサステナブルな社会を早期に目指す大義もあり、各国各地域が協調して取り組むことでさらに実現のスピードが速まっていくと考えられる。

2.2 今後の自動車産業の方向性

今後自動車産業はどこへ向かっていくのだろうか。将来の社会を展望することで探っていきたい。主要な自動車メーカーの経営方針を見ていくと、各社ともモビリティの将来像を社会との関わりの中で描いていることがわかる。

これらのビジョンで考えられていることを集約すると、主に3つの考え方にまとめられる。

自動車産業が目指す3つの姿

まず、第1に自動車は「安心・安全でサステナブルな移動手段」であるということである。自動車は便利な移動手段として長く利用されてきた。そして一般市民にも普及したことで交通網が発達し、それと共に交通事故や大気汚染物質排出などの問題が大きな社会問題となった。自動車産業としてもそのような社会問題に対処するために、「安心・安全でサステナブルな移動手段」をつくり上げるために日々努力しているし、今後もこの取り組みは

自動車メーカー各社経営方針*

企業名	経営方針
トヨタ自動車	＜トヨタグローバル・ビジョン＞　トヨタ自動車は、お客様の期待を超える「もっといい車」づくり、「いい町・いい社会」づくりへの貢献により、お客様そして社会の笑顔をいただき、それを「安定した経営基盤」に繋げることで良い循環を回し、社会とともに持続的な成長をめざしています。事業環境が大きく変化し厳しさを増すなかにあっても、これまで鍛え上げてきたトヨタらしさを活かしつつ、長期的視点での戦略シフトにより、この好循環を維持、向上していくことで、社会に「安全・安心」「環境」「感動（ワクドキ）」という3つの価値を持続的に提供します。クルマを取り巻く大変革をオポチュニティと捉え、「もっといいクルマづくり」と、「電動化」「情報化」「知能化」へ戦略的にシフトすることによる新たなビジネスモデルの構築に取り組みます。これにより、今までの「クルマづくり」だけの進化にとどまらず、社会ニーズに応える「社会プラットフォーム」、人工知能（AI）をはじめとするクルマを超えた「技術プラットフォーム」にまで変革の幅を広げ、未来のモビリティ社会に向けて幅広い領域でのお客様の期待を超える価値を提供していきます。
Volkswagen	＜ TOGETHER-Strategy 2025 ＞　持続可能で、安全で個人的なモビリティーはあらゆるものへの私たちの約束です。Volkswagen は持続可能なモビリティのリーディングプロバイダーに変わろうと努めています。自動車のコア事業を変革し、2025 年までにさらに 30 以上の完全な電気自動車を発売するとともに、新しい競争優位としてバッテリー技術と自律走行を拡大する予定です。さらに、第 2 の柱として、インテリジェントモビリティソリューションのクロスブランドビジネスユニットを確立する予定です。オンデマンドモビリティプロバイダー Gett の戦略的投資は、この方向で第一歩を踏み出しました。今後、ロボタクシーやオンデマンドでのカーシェアリングなどのサービスが展開されます。変革を成功するためには、イノベーション力をグループの広範な基盤にしていくことが要求されます。そのためにグループは、すべてのブランド、分野、機能にわたってデジタル化を推進していきます。
Daimler AG	＜ Future Mobility ＞　我々はパイオニアであり続け、自動車の発明者として、モビリティの未来を形作っています。コネクティッド、自律運転、モビリティサービス、電動化ーこれは明日の車のビジョンです。私たちのイノベーションの多くはすでに進んでおり、私たちのビジョンのあるアイデアによって将来の発展のために活動し続けています。それゆえ私たちは自動車メーカーからモビリティサービスプロバイダに変身し、変化する顧客ニーズを満たしながら新しいマーケットを切り開いています。私たちのデジタル変換はバリューチェーン全体にわたって順調に進んでいます。私たちの創業者のスタートアップスピリットによって、協力の新しい文化、効率的なプロセス、Daimler は収益性の高い成長を続け長期的価値を創造します。

* 各社情報より抜粋。筆者訳
トヨタアニュアルレポート
http://www.toyota.co.jp/pages/contents/jpn/investors/library/annual/pdf/2017/annual_report_2017_fij.pdf
Volkswagen アニュアルレポート p51-52
http://www.volkswagenag.com/presence/investorrelation/publications/annual-reports/2017/volkswagen/en/Y_2016_e.pdf
Daimler アニュアルレポート p17
https://www.daimler.com/documents/investors/reports/annual-report/daimler/daimler-ir-annualreport-2016.pdf

必要不可欠だ。生命や生命の基盤である地球環境にマイナスの影響を与えないことは、社会から求められていると共に事業者としての責任でもある。このことは、今後の自動車産業の目指す姿としてまず理解しなければならない。

第2に、自動車産業が目指す姿として重要なことは、「移動や自動車利用についての制約を取り除く」ということである。例えば、自動車がインターネットに繋がり、走行データや利用データが随時データセンターに集められて、交通渋滞や交通に関する情報が処理されて、利用者が目的地まで最短時間で到達できるように最適化されるようになる。これは移動時間に関する制約を最大限取り除く意味がある。

あるいは、自動車で移動するということは、時間を運転に割かなければならない時間制約を伴うものであったが、完全自動運転車が実現されればもう運転に関する時間制約がなくなる。自動車を所有することに伴い、移動元や移動先で駐車場を確保する必要があったが、自動車のシェアリングサービスが普及すればそのような物理的な制約もなくなる。

第3に、自動車産業が目指す姿として「自動車は人が豊かに生活するためのサービスの一部となる」ということである。移動に関する時間制約や空間制約が取り除かれた時代には、利用者にとって別の価値を追求することに、時間資源や空間資源を使うことができるようになる。例えば、移動中に運転から解放された利用者は自由に時間を使うことができ

自動車産業の方向性*

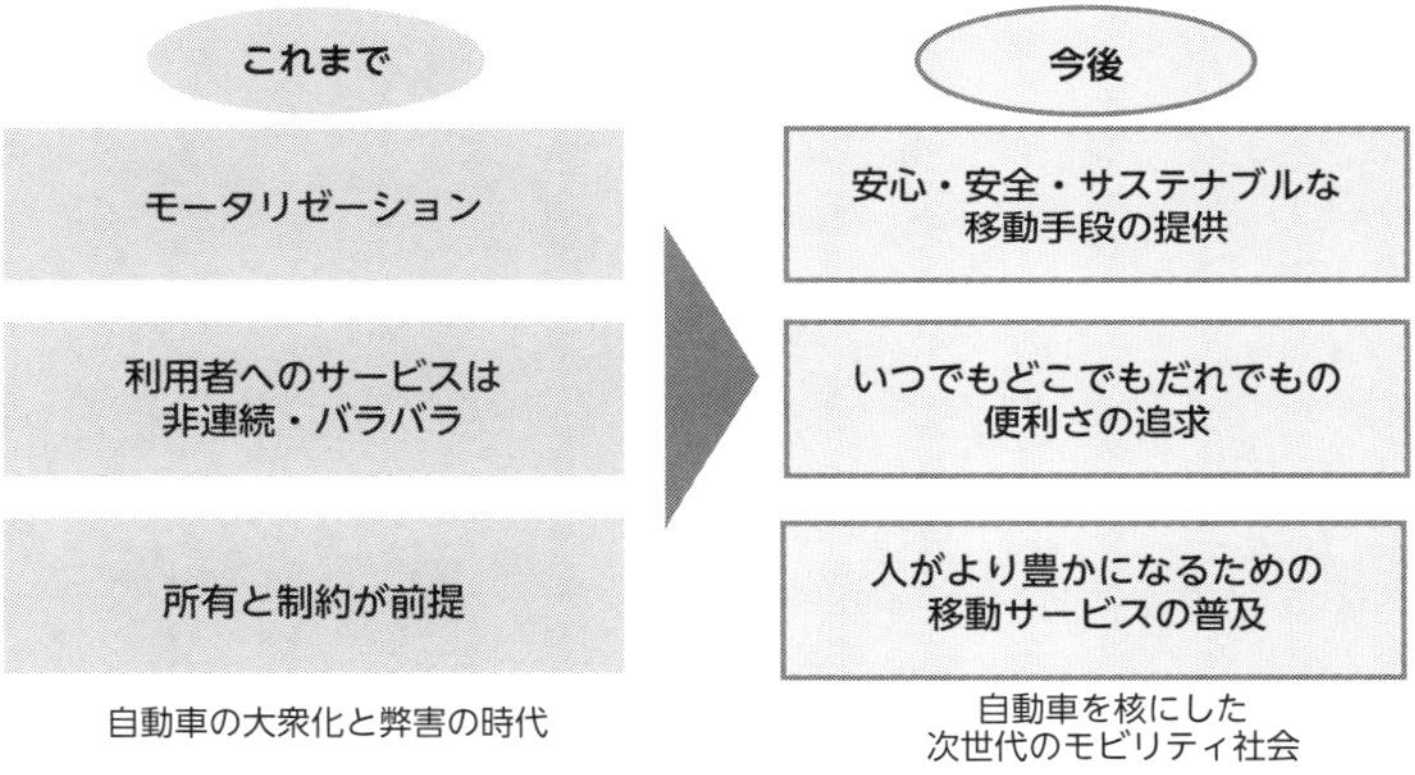

これまで		今後
モータリゼーション	→	安心・安全・サステナブルな移動手段の提供
利用者へのサービスは非連続・バラバラ	→	いつでもどこでもだれでもの便利さの追求
所有と制約が前提	→	人がより豊かになるための移動サービスの普及
自動車の大衆化と弊害の時代		自動車を核にした次世代のモビリティ社会

るため、車内で映画を鑑賞したり、読書したり、SNSなどでコミュニティとの会話を楽しんだり、仕事のための資料作成やビデオ会議に参加したりすることができる。あるいはスマートシティなどに自動車が組み込まれて、自然エネルギーにより発電されたエネルギーを活用したEVによって大気汚染物質排出ゼロを実現しながら、自由に移動ができるようになると共に、EVの蓄電池が分散電源となって災害時の緊急電源に活用される社会が構築される。

今までになかった未来の社会には、自動車産業が果たす役割は大きい。まとめると、自動車の大衆化と弊害の時代から、今後は自動車を核にした次世代のモビリティ社会の実現へシフトしていると言える。

* 筆者作成

2.3 これからのＫＳＦ

自動車メーカーの新しい収益モデル

これまでに見てきた自動車産業における付加価値の変化を受けて、自動車メーカーは自動車の価値をユーザーに訴求して自動車を購入して頂くことで収益を得るというビジネスモデルから、ユーザーに対してサービスを提供することで収益を得るモデルへ変化をしなければ生き残れない時代へと進展しつつある。

例えば、Daimlerが中期経営計画の中で、サービス企業へ生まれ変わる宣言をしていることや、トヨタ自動車がモビリティサービス・プラットフォームを通じて、自動車の動的情報によって生じる様々なデータをユーザーの付加価値に繋げるためのサービス開発に活用しようとしていることがそれを表している。サプライヤーでは、従来通りケイレッツとしての部品やソフトウェアを統合して供給すること以外にも、ケイレッツを離れてユーザーにモビリティサービスを提供するためのプラットフォームやそれに関連するビジネスを模索する動きもある[*1]。

BMWは完全自動運転車を開発するために、MobileyeとIntelが協力して完全自動運転システムのためのオープンプラットフォームを開発し、様々な自動車メーカーやサプライヤー・テクノロジー企業を巻き込んで、完全自動運転の開発を加速させようとしている[*2]。Mobileyeはカメラと AIを駆使したコンピュータービジョンと呼ばれる走行時の視覚情報の詳細な認識技術と、地図情報へマッピングするシステムを持っており、自動運転には欠かせないテクノロジー企業である。Intelではそれらを実現するためのコンピューティングパワーを低電力で供給するプロセッサーだけでなく、自動運転を実現するために必要となるディープラーニング用のツールキットや、5G対応の開発プラットフォームも提供する[*3]。そして、BMWにとっては、自社が単独で開発するよりも、これらの企業と提携することで圧倒的スピードを手に入れて、自動運転の実現に近づくことができるようになる。さらには、BMWグループ以外にもこのプラットフォームを開放して、業界標準までも視野に入れて提携をスタートさせた。

Teslaが目指す社会は、電気自動車がもはや自動車単体の移動手段としての価値や、自動運転技術と組み合わせてのモビリティサービスとしての価値だけでなく、持続可能エネルギーによって、社会のエネルギー需給をバランスさせるための移動式の蓄電池という

*1 Bosch プレスリリース
http://www.bosch.co.jp/press/group-1703-03/
*2 BMW プレスリリース
https://www.press.bmwgroup.com/global/article/detail/T0261586EN/bmw-group-intel-and-mobileye-team-up-to-bring-fully-autonomous-driving-to-streets-by-2021?language=en
*3 Intel ニュースルーム
https://newsroom.intel.co.jp/editorials/spanning-car-connectivity-cloud-intel-go-platforms-lead-way-automated-driving/

キーパーツとなって、スマートコミュニティなどの社会システムを構成することである。これを実現するためには、これまでの自動車産業のプレイヤーだけでは実現できない。

スマートコミュニティにおける自然エネルギー発電状況や、各家庭や事業所などでのエネルギー消費状況などの情報網と接続し、最適なエネルギー需給バランスを計算して、ピークにおけるエネルギー需給を整えるなどの都市機能を司る機関と連携して初めて成立するようになる。そうすることで、災害やピーク電力が必要となる場面では、電気自動車から蓄電されたエネルギーを取り出して社会に供給することもできるようになる。

様々なキープレイヤーの「複合力」がKSFとなる

これらの事例から、自社が持つテクノロジーや従来のビジネスの枠を超えて、新たな付加価値の実現に取り組む時代が到来しているということは明白であり、自社および自社の生態系で培った技術やノウハウだけでは到底太刀打ちできないことが予想される。それは、自動車産業の内外で起きている技術革新によって、今後想定されている時代進化のスピードが速く、自社のバリューチェーンの枠を超えて新たなビジネス実現に協調して取り組む必要があり、ビジネスドメインが広範囲化していることを表している。

そして、自動車メーカーは、自社やこれまで関係を構築していたサプライヤーの力だけでは新たなビジネスモデルを構築し、サービスとしてローンチすることが難しいと言える。今後完全自動運転車の実現や、それを活用したモビリティサービスを開発してローンチするには、自動車産業以外のテクノロジー企業や事業者との関係を構築し、連携・協調して、新たなテクノロジーを取り入れて、必要に応じて規制や制度の見直しと同期して、開発していかなければならない状況である。

そのような広がりの中で、新たなビジネスとして成立させるためには、これまでとは違った価値観で、別々のドメインで競争していた様々なキープレイヤーの力を結集して最大化し、それぞれの関係性を高め、異質なものを複合させていく「複合力」がＫＳＦ（Key Success Factor）となる（次ページ図：次世代モビリティ社会を実現するためのＫＳＦ）。つまり、プレイヤーが持つ事業ドメインにおける強みと、他のプレイヤーが属する異なる事業ドメインにおける強みという異質なものとを繋ぐことで、新たな付加価値を創造することが、ビジネスの勝者となる可能性を高めると考えられる。

それでは、複合力を発揮するには何を考慮すればよいだろうか。２つの企業体が存在したときに、お互いの強みを活かして新たなモビリティサービスを構築するケースを考えてみる。一方が大企業の自動車メーカーで、もう一方が新興のインターネットサービスを生業とするテクノロジー企業であったとする。この自動車メーカーでは、何十年にもわたっ

次世代モビリティ社会を実現するためのKSF*

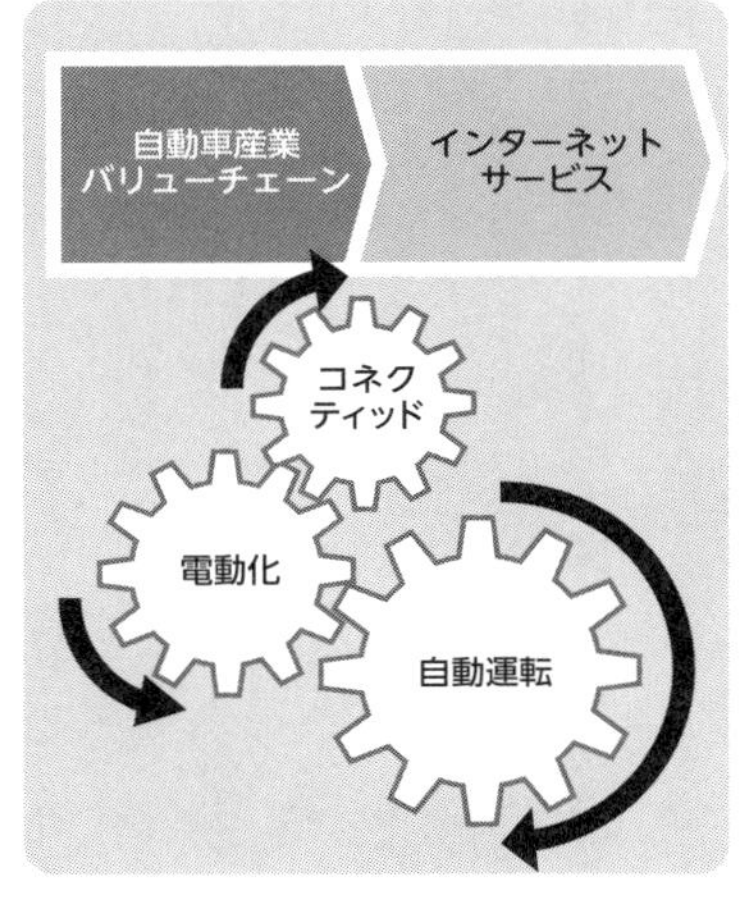

て世界に品質の高い自動車を供給し続けてきた。そのような状況においては、古い歴史を持ち何十年にもわたって成功を収めてきた自動車メーカーが、自らの意思でビジネスに対する考え方や意思決定のスタイルを変えることは難しい。

新興のインターネットサービス企業の考え方は、明らかにスピードを重視する。サービスリリースまでのサイクルは圧倒的に短い。この価値観やカルチャーの違いは、お互いに夢を持って消費者に新しい価値をもたらそうとしても衝突して、最終的には大企業の側が自らの価値観を変えない限りは新しい波に乗ることは難しい。異質な組織に属する人たちが集まると、考え方や仕事の仕方が異なり、これまで当たり前にでき

* 筆者作成

ていたことができなくなり、協働して新たな価値を生み出すプロジェクトを完遂させることが難しくなる。

さらに、それぞれの事業を構成する企業活動をプロセスに分解して比較するときにも異なる部分が多い。価値観やカルチャーだけでなく、実現するためのリソースの投入の方法や投資回収についての基準、組織や人材の評価方法や育成方法についての考え方、意思決定やマネジメントの方法、技術やシステムの開発プロセスなども異なるだろう。

お互いの持つ良いところを引き出し、お互い利害を超越して新しい価値を生み出す心構えがない限り成功しないと言える。そのためには、ワンチームとなって新しい価値を生み出すための考え方や価値観を再定義することが重要となる。そうした体制を構築して1つの共通の価値に向かってゴールを定義して前進できるように戦略や組織の方針、最適なアプローチを定めプロセスに落とし込んでいく。つまり、異質な構成要素からなるチームを1つのゴールに向かって整合させて前進できるようにする。このように全体を統合してマネジメントしていくことが非常に重要であり、これが複合力を発揮するために必要なことである。

第2部

KSFを実現するマネジメントとは

第3章

KSFの実現に必要な基本的な考え方

3.1 「繋ぐ」が企業活動にもたらすインパクト

第2章では、新たなモビリティ社会という付加価値を創造するためのKSFは複合力であると述べた。もちろん、基本として、従来のプロジェクトマネジメントの方法論を適用して取り組むということも大切にはなるが、IoT／IoEや自動運転が当たり前となり、モビリティが顧客体験価値をもたらすサービスの一部となる新時代においては、これまで通りの手法でマネジメントをしていたのでは、とうてい新サービスを実現するスピードや、サービスのインパクトで競争に勝てなくなる恐れがある。今後の新サービスの実現と発展を担う事業責任者の方はもちろんのこと、プロジェクトマネジャーやPMOとしても、これから述べる価値創造のためのマネジメントの基本原理は、特に重視するべき点だと考えられる。なぜ重要なのか、順番に説明していきたいと思う。

まず、企業活動の前提として、組織のビジョンと経営目標が存在し、企業戦略が構築され、経営計画となって各事業が運営される。その中で新たな目標を実現するために、個別戦略と連動したプロジェクトを立ち上げて遂行し、戦略を達成していくことで新たな事業目標を達成していくシナリオが考えられる。

これを事業レベルでマネジメントを行っているのがポートフォリオマネジメントであり、事業の中で個別戦略を塊でまとめてマネジメントしていくものがプログラムマネジメントである。個別戦略と連動した個々のプロジェクトの成果がそのまま事業の結果となるため、個別のプロジェクトの成功が事業の成功に直結することになり、個別のプロジェクトを成功させるための洗練されたプロジェクトマネジメントが必要となる。

さらに、個別のプロジェクトだけ成功させていれば成功が約束されるというわけではない。組織のビジョンと経営目標、全体戦略と個別戦略、それらに連動したプロジェクトという企業の価値創造活動のピラミッドが縦にも横にも連動してベネフィットを追求していくことも求められる。

これらの連動性・整合性・ガバナンスが企業活動や企業群の活動にとても重要である。「繋ぐ」という活動がどのように価値創造していくのか、以降で詳しく説明していく。

3.2 価値創造の基本的原理

目指す姿を実現するためには価値創造の土台となるマネジメントの基盤の部分と、組織のビジョンと経営目標、全体戦略と個別戦略を結びつける戦略的な繋ぎの部分のそれぞれが必要になる。企業活動全体のイメージ図を示す。

企業活動ピラミッドのイメージ図*

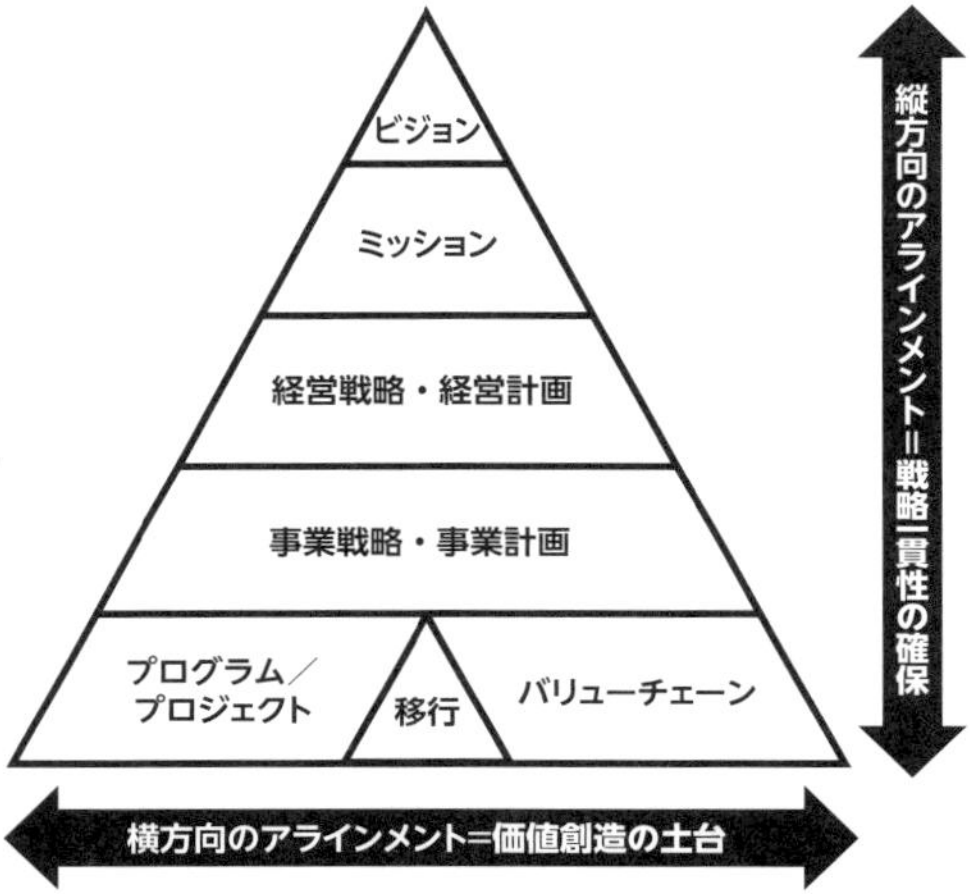

価値創造を支えるマネジメント基盤

まず、価値創造の土台となるマネジメントの基盤とはどのようなものか説明する。

この企業活動の中で、顧客に価値を提供するための活動はバリューチェーンで表

* 筆者作成

される。このバリューチェーンは事業をスタートしたスタートアップの段階では完全に完成されてはいないが、いくつかの戦略的なプロジェクト活動によりバリューチェーンがより高度に構築され、日々の運用が行える状態に移行されれば顧客価値を生み出す事業となる。

いくつかの戦略的なプロジェクトを立ち上げて、それぞれのプロジェクトを成功裏に完遂させてこそ戦略の実現が達成される前提が整う。このために重要な役割を果たすのがプロジェクトPMOである。プロジェクトPMOの役割には基本的に3つある。

①プロジェクトマネジメント標準を導入・定着し、②プロジェクトを可視化して、③プロジェクトの意思決定を促進するというものである。これによってプロジェクトに必要な規律をもたらし、プロジェクトに関わるメンバーがプロジェクトマネジメント上どう行動するべきかが明確になる。プロジェクトPMOは個別プロジェクトに参加するメンバーの役割を明示し、プロジェクトが目指す姿と現在の達成度を照らし合わせながら、プロジェクトマネジャーと相談して適切に目指す姿に向けて進捗するように各種マネジメント業務を遂行する。詳細は『PMO導入フレームワーク』(高橋信也著　生産性出版)に記載されているのでそちらを参照されたい。

戦略一貫性の確保

次に、組織のビジョンと経営目標、全体戦略と個別戦略を結びつける戦略的な繋ぎによって価値創造が促進される原理について説明する。これらの領域は企業活動全体に対するエンタープライズレベル、あるいは事業部門レベルのPMOの領域でもある。

通常の企業は、バリューチェーンを滞りなく運営する事業活動を行い、顧客に価値を提供する。同時に、事業を強化するためのプロジェクト活動を行うことも、競合企業に勝つために実行し続けなければならない。さもなければ、経営環境の変化や事業環境、競争環境の変化によって顧客に価値提供するはずのバリューチェーンがすぐに陳腐化する。

こうなる前に、あるいは競争環境は常に変化するのであるから、常にプロアクティブに競争優位を生み出すために環境変化に対応するべく、経営戦略や事業戦略を練り直し、計画変更を機動的に行っていく必要がある。これが縦方向のアラインメントである。

従来であればこれは経営企画部門や事業企画部門の仕事であったが、企画部門で行われる仕事の大半は企画で終わってしまいOwnershipを持って結果にコミットして実現することは行われないことが多い。この部分についてOwnershipを持って推進できるようにする役割を持った組織機能が必要不可欠である。このOwnershipがなければせっかくの良い企画が活かせずに終わってしまう。戦略企画もしくはそのような取り組みに対して、強いOwnershipを持った組織的PMOが戦略の実現に貢献するべきである。このOwnershipという概念は文字通り、戦略的な取り組みに対して説明責任を負うということである。取り組みに関してステークホルダーとの関係を調整しながら、直接的にも間接的にも適用可能な資源を駆使してあらゆる手段を講じて実現する。その意思決定が成功のためになぜ必要なのかを説明し、ステークホルダーを納得させなければならない。

戦略企画もしくは戦略的な取り組みについては様々な抵抗が働く。いわゆる慣性の法則である。この法則は物理現象についての法則ではあるが、組織が既存のバリューチェーンをビジネス革新のために見直す際にも、経験的にこの法則が働くことがわかっている。つまり、日常業務で行っているオペレーションは慣れ親しんだやり方であるがゆえに、それを別のやり方に変更するとなると、今までのやり方が通用しなくなり不安になる。新しいやり方を覚えるまでに時間がかかる。その余計な対応が煩わしく感じられて、変えたくないといった抵抗が起きる。

これに打ち勝つためには、将来の目指す姿を示し、そうすることが自分たち自身の企業の生存競争には必要不可欠だというストーリーをきちんと現場に理解させて、そのためにどのようにして階段を登っていくべきかロードマップを明示して、リードしていく必要がある。組織の変革においては、このような抵抗勢力に対する取り組みが必要になるが、強いOwnershipがなければこのような活動を先頭に立って進めていくことが難しい。このような変革への対応を事業責任者が単独で遂行することは、組織規模が大きくなると困難になる。そのため、組織的PMOを設置して組織として促進することが必要である。

縦横無尽に繋ぐ

3点目に、価値創造を促進するために欠かせない要素として、組織内の異なるミッションや責任を持つ個人と個人、チームとチーム、組織と組織を1つの戦略目標に従って協調して取り組めるようにすることが挙げられる。これらの活動で問題になるのが、それぞれの役割・責任の違いである。取り組み体制に組み込まれた個人やチームや組織について、役割をいくら整理したとしても、既存のバリューチェーンでは担当していない業務領域であったり、過去に取り組んだ知見が全くなく尻込みする場合もある。

また、ブレーンストーミングなど発散させてアイデアを出す場面やリスクを洗い出す場面などにおいては、対立する視点をあえて取り入れることも必要である。しかし、大義を持って目指す姿に向かっていく場面においては、お互いが協調して1つの戦略目標に向かって課題を解決していくことで困難を乗り越えやすくなる。たとえこれらがわかっていたとしても、通常業務以外に取り組むことにはリソースに制約があり、抵抗が生じる。このような場合においても、組織的ＰＭＯは事業責任者やプロジェクトマネジャーと協調して、複数の関係者に課題を共通認識できるようにする。

ボールの投げ合いをしている関係者もしくは関係組織が、主体的に戦略テーマに取り組めるところまで課題を分解して解決策の糸口を見つけ、頭出しをすることで実行を促す。さらに、事業責任者やプロジェクトマネジャーにも適宜レポートし各組織への働きかけを引き出し協力を取り付けて、最終的にプロジェクトから組織へボールを渡す。一筋縄ではいかないところは組織的ＰＭＯの調整能力にかかっている。

新しい戦略企画を実現するために新しい業務を行う組織を調整する以外にも、既存業務からの変更や廃止といったところにも業務オペレーションの移行を行う必要がある。これに関しても既存業務の変化点を明確にし、変化点すべてに対してどのように変更するのか業務マニュアルまで変えなければならない。このような移行作業も、組織的に取り組まなければならず、どの組織がいつからどう変わるのか、そのためにどう教育して新業務に対応するのか業務オペレーションを司る組織も戦略的な取り組みへの協力が欠かせない。このように組織とプロジェクトを縦横無尽に繋いでいくことで、新たな価値を生み出すためのビジネスモデルにシフトする力を最大限引き出せるようになる。

3.3 「繋がり」がさらなる価値を創造する

企業活動における価値創造の原理を見てきたが、価値創造のためには従来の枠組みを超えてイノベーションを起こすことも重要である。例えば、組織の壁を壊すことや、競争企業の強みを活かすこと、異業種・異文化の考え方を取り入れるなどである。

昨今では、車載のインフォテインメントシステムにスマートフォンを連動させて、スマートフォン上のアプリケーションを車載のインフォテインメントシステム上で表示できる自動車も開発・販売されている。これは普段使い慣れているスマートフォンのアプリケーションをApple Car Play™やGoogle Android Auto™に対応したインフォテインメントシステム上で表示できるというものである。インフォテインメントとは「インフォメーション」と「エンターテインメント」を組み合わせた造語である。

これらの仕組みの実現方法はインフォテインメントシステムの一部のインターフェース仕様を公開してAppleやGoogleのスマートフォンのアプリケーションを表示し、データを授受できるようにしたものであるが、これは今後の自動車スマートフォンにとっては死活問題になりうる意思決定であることが推察される。

なぜなら、自動車メーカーにとって移動中もしくは移動前後に、利用者がスマートフォンを利用することで授受が行われるアプリケーションデータは、今後の自動車メーカーやモビリティサービスを提供しようとする際、利用者のニーズを探り、モビリティサービスの価値を高める上でとても重要なデータである。それをわざわざIT業界の雄であるAppleやGoogleに開放してしまったことは驚きである。

そこにはどのような意図があって公開されたのか。一見、自動車メーカーにとってマイナスになるのではと見えるが、自動車メーカーが利用者に自動車を提供する上で、最も重要な課題は安全性を高めることである。車に搭載されているインフォテインメントシステムのユーザーインターフェースは、走行中には操作不可にするなど安全性に配慮された設計がされているため、自動車メーカーが考える安全性を確保したものとなっている。

一方で、運転する人にとっては、運転中に操作することを想定していないスマートフォンの操作を不意に行うことで、注意がスマートフォンの操作に移ってしまい、安全運転に支障をきたす。スマートフォンの操作が原因で事故が増えてしまうことは、間接的ではあるものの、自動車が社会に悪影響をもたらすことになり、自動車メーカーにとってはマイナスである。自動車メーカーはスマートフォンを排除することに伴って安全性を損なうよりも、スマートフォンを通じて今後の競争優位の源泉となりうるデータを他社に開放してでも、安全性を追求するほうが重要であると判断し、それを選択したのではないか。

より安全な交通社会を実現するには、自社だけで囲い込むよりも、異業種からの参入を受け入れてでも、オープンにプラットフォームを開放することで実現しようとしたという解釈ができる。安全性という社会的価値を追求するためには、競争相手に対しても連携して対応したということは、価値創造の例として大きな示唆であると思う。

他にも技術やプラットフォームをオープンにすることで、新たな価値創造が加速する例は多数ある。いわゆるオープンイノベーションとして近年注目されているが、自動車関連産業においても100年に一度の大変革期と言われているため、こういった考え方を取り入れて変化への対応を積極的に図っていく必要がある。

3.4 異質なものを「繋ぐ」ためには

異質な企業がオープンイノベーションに取り組む場合

オープンイノベーションの考え方を取り入れて変革に対応しようとしたときに、何に気をつけるべきだろうか。従来であれば、企業、あるいは組織の中でアイデアをぶつけながら構想を練るということは行われてきたが、これからの時代には、業種や文化を超えた全く異質なアイデアをぶつけて構想していくことが求められる。

ここでは、異質な企業がオープンイノベーションに取り組む場合にフォーカスして、考えてみたい。まず、異なる企業間の企業活動ピラミッドが全く異なることを前提に、お互いの結びつきの強さを見極める必要があるだろう。お互いの結びつきが強く依存関係があるのであれば、お互いの考え方や仕事の進め方の癖は理解しやすい関係にあると考えられるため、バラバラで仕事を進めて定期的に持ち寄る進め方よりも、新たな戦略テーマを実現するための合弁会社を立ち上げて一体となって事業運営することで、スムーズに仕事を進められ中長期的にも成果も生み出しやすいと考えられる。ただし、お互いが対等な関係であればスムーズに事が運ぶのだが、どちらかの影響力や政治力が強いケースでは他方にブレーキをかけてしまい、全体として成果を生み出すことが難しくなる。

一方、結びつきが弱い、全く関係のない企業間や組織間では、政治的な力によって主張や想いがねじ曲げられることは少ない。その上で、中長期的な利益が共に描けるかどうか、利害関係が一致しているか、といった要素は活動の推進力にとても重要な要素である。活動の推進力とは、活動を前に進めるエネルギーである。さらにこの利害関係が共通の社会価値の創造、社会課題の解決に結びつく場合は、存在意義そのものが重なり合って特に強いエネルギーを生む。

例として、前述のスマートフォンとインフォテインメントシステムの融合は、車社会に安全をもたらすという社会価値の創造に結びついていたからこそ実現できたものだと思う。利害関係の最も上位の概念は社会価値の創造であると思うが、これは企業においてはビジョンであり、ミッションといった価値観のレイヤーである。このレイヤーでの結びつきはとても重要である。

共通の価値を持って協力関係を結ぶ

別の例として、水素を新たなエネルギーの中核にした水素社会の実現について考えてみたい。これは社会のあり方を変える取り組みでもある。太陽光や風力や水力などの自然エネルギーを利用して発電し、すぐに使わない余剰電力を使って水を水素に変換して水素として貯蔵・運搬し、電力として利用したいときに水素から電力に変換して利用できる。

技術的には可能なのだが、社会インフラとして利用できるようにするには、製造・運搬・利用における様々なコストを低減しなければならない。その反面、エネルギー資源が限られている国や地域にとっては、外部に頼らずに地産地消でエネルギーの需要をまかなえるため、国や自治体のエネルギー政策上もとてもメリットが大きい。

このような水素社会の実現は、大気汚染物質を排出しないため、脱炭素社会に向けてもとても重要である。このような目指す姿に共感し、自分たちの存在意義を重ね合わせることができる法人や個人・団体はこの取り組みに参加し、自分たちの強みを活かして実現を後押ししている。このような取り組みで注目を集めているのが、豊田市や横浜市などで行われている未来都市のための実証事業である。

これらの実証事業では、そういった未来社会を構築する上での課題を明確にして、参加者たちが解決できるようにするための共同の取り組みである。もちろんそこにはトヨタ自動車・日産自動車・ホンダなど自動車関連の企業も参加している*ため、いち早く未来社

* 日産自動車ニュースルーム
https://newsroom.nissan-global.com/releases/170519-02-j?lang=ja-JP

会に貢献できればそれに伴う収益も得られることになるだろう。このように、企業は社会価値の創造に貢献してこそ収益が社会から還元され、その収益がさらに次の社会価値を創造することに繋がっていくという考え方が重要である。

そういった共通の社会価値を描ける仲間が集まり、各々の強みを活かせてこそ、価値創造に向けた取り組みが加速される。原子力発電や火力発電など環境負荷を前提にした社会はいつか破綻する。サステナブルな社会への変革に向けては、共通の価値を持って様々なプレイヤーが協力関係を構築することができる。この取り組みはそういったことを表す良い例である。

お互いの強みを活かせる相手と協業する

次に、戦略や計画といったレイヤーでオープンイノベーションを促進させる要素について考察したい。お互いの戦略が一致している場合、お互いの組織のリソースを動員しやすくなる効果が期待できる。例えば、ＥＶの昨今の動向をもとに考察したい。

世界の自動車メーカーは各国のＣＡＦＥ（企業別平均燃費基準）規制に対応する計画を立案し、実行している。そのような対応を図る上で、自動車メーカーは得意な分野もあれば不得意な分野もある。限られた経営資源の中で、全方位で対応できる自動車メーカーは限られているが、競争に打ち勝っていくには、業界の中でもお互いの強みを活かせる相手と協業していくことが考えられる。

単純に協業相手を見つけようとしても、なかなかすぐには見つからない。ましてや、実際の協業関係の締結にまでたどり着くには、普通にやっていては時間もかかる上に、関係構築が難しい。近年では自動車メーカーにおいてもオープンイノベーションラボを開設して、開設した側がテクノロジーをプレゼンテーションすることで営業機会を得るという目的だけでなく、テクノロジーや素材などの商材を持ち込んで組み合わせることで、新たな市場を狙うような提案を受け付けて、新しい可能性を見出す取り組みが活発になっている。

また、そういった協業関係を積極的に開拓する目的でＣＶＣ（Corporate Venture Capital）を企業内に設けて、新たなテクノロジーや製品のアイデアを持った中小企業の発掘を促進する取り組みを進めている企業も多い。ＣＶＣを持っている企業は、そのＣＶＣの活動地域や活動領域において最先端テクノロジーや製品開発を行っているベンチャー企業から、資金獲得のためのプレゼンテーションを受ける機会も多く、それだけ情報が集まりやすいというメリットがあり、ネットワークを広げやすい。単なるオープンイノベーションラボだけ開設するよりも、ＣＶＣと組み合わせることで相乗効果を狙って戦略的に取り組むことが重要となる。

ここまでは、自動車産業におけるＫＳＦを実現するために最もコアとなるマネジメント要素である「繋ぐ」ということについて考察してきた。第４章では、さらに掘り下げて自動車産業において将来の目指す姿に向けて、いくつかの要素に分解してそれぞれ必要となるマネジメントについて考察していきたい。

第4章

新たなモビリティ社会の実現に必要となるマネジメントとは

4.1 ベネフィットストラクチャ

自動車産業は100年に一度の大変革期と言われており、自動車メーカー各社がどこへ向かって行こうとしているのかについては、第3章で述べた。それらをシンプルにまとめると左の図「自動車産業のベネフィットストラクチャ」のようになる。

主要な自動車メーカーも単なる自動車の開発・製造・販売により収益を上げるモデルから、社会との関わりの中でモビリティを再定義して、モビリティを必要としている利用者にとってのサービスを実現することで収益を得るサービス企業へ変貌しようとしている。

そのためには、安心・安全・サステナブルな移動手段の提供であったり、いつでもどこでもだれでもという便利さの追求であったり、人がより豊かになるための移動サービスの普及といった成果を実現して、社会的に意義のある新たな価値を構築する必要がある。

このような変革は、ニーズだけからイメージできるものではない。テクノロジーの革新やこれまでの慣習を破壊する新たなビジネスモデルやキーテクノロジーといった要素（＝Approach Level）をかけ合わせて解釈することによって、成果（＝Outcome Level）を

自動車産業のベネフィットストラクチャ*

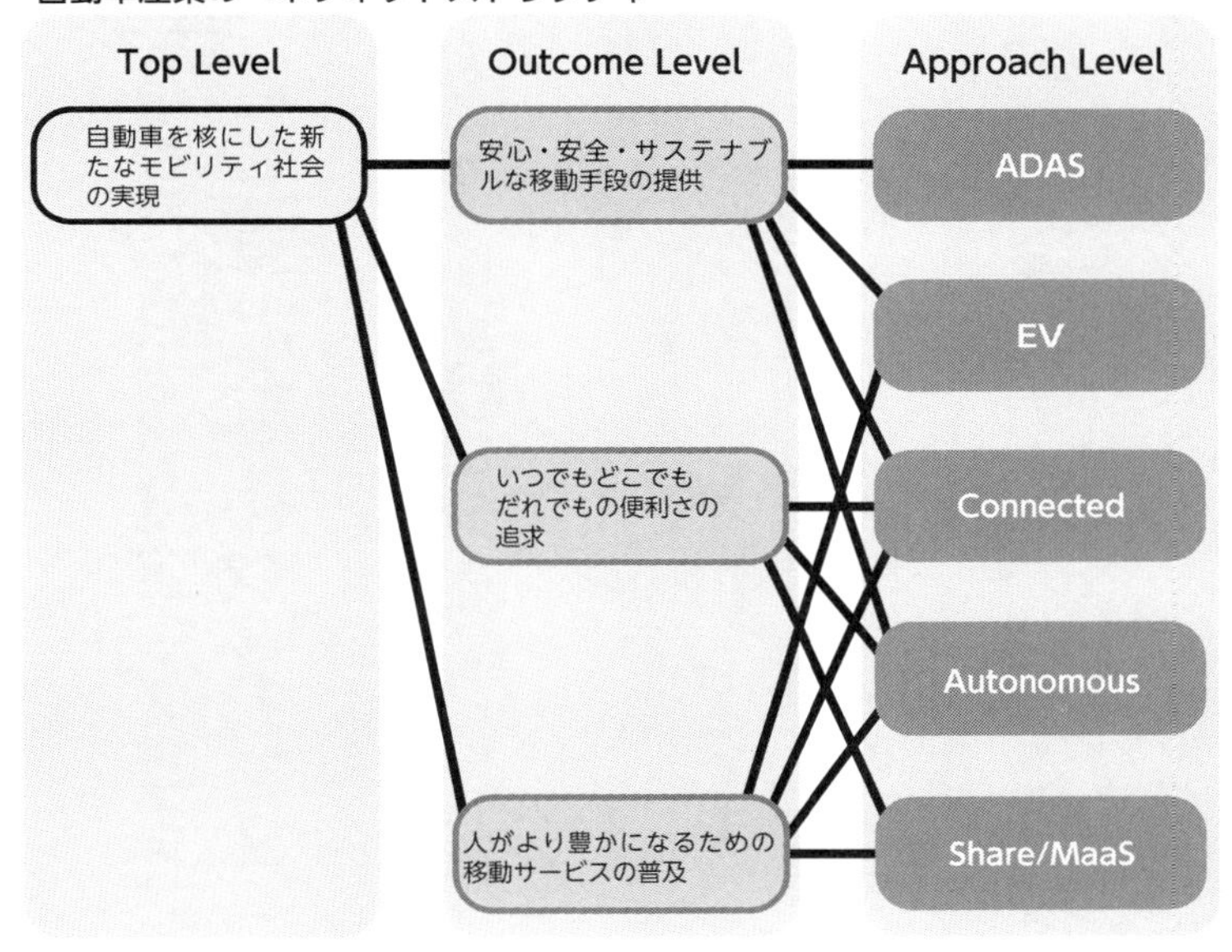

生み出す可能性が広がり、具体的に目指す姿（＝Top Level）として描けるようになったと考えられる。

自動車産業に起きている変化は、このかけ合わせによって同時多発的にイノベーションが起きて、さらに大きな破壊的変化へと連鎖しているととらえられる。

以降では、これらの基となるテクノロジーの革新や、新たなビジネスモデルを実現するために解決するべき課題を取り上げ、それぞれ解決するために必要になるマネジメントのあり方について考察していきたい。

＊筆者作成

4.2 ADASを実現するために必要となるマネジメントとは

4.2.1 ADAS開発プロジェクトの特徴

ADASとは

ＡＤＡＳの製品そのものの動向は第1章で述べた通りであるが、この製品を開発するためのプロジェクトの特徴として重要なポイントは、ハードウェアとソフトウェアの統合制御である。ＡＤＡＳは簡単に説明すると、自動車にセンサーを取り付けて、走行時にそこから得られる信号をソフトウェアによって危険な状態であるかどうかを識別し、危険でない状態からの逸脱の度合いを情報として、運転するための制御装置やドライバーにフィードバックし、手動または自動で危険を回避するというものである。

車社会においてはこれまでドライバーの不注意によって事故が発生してきた。自動車に

ADAS の実現機能の例 *1

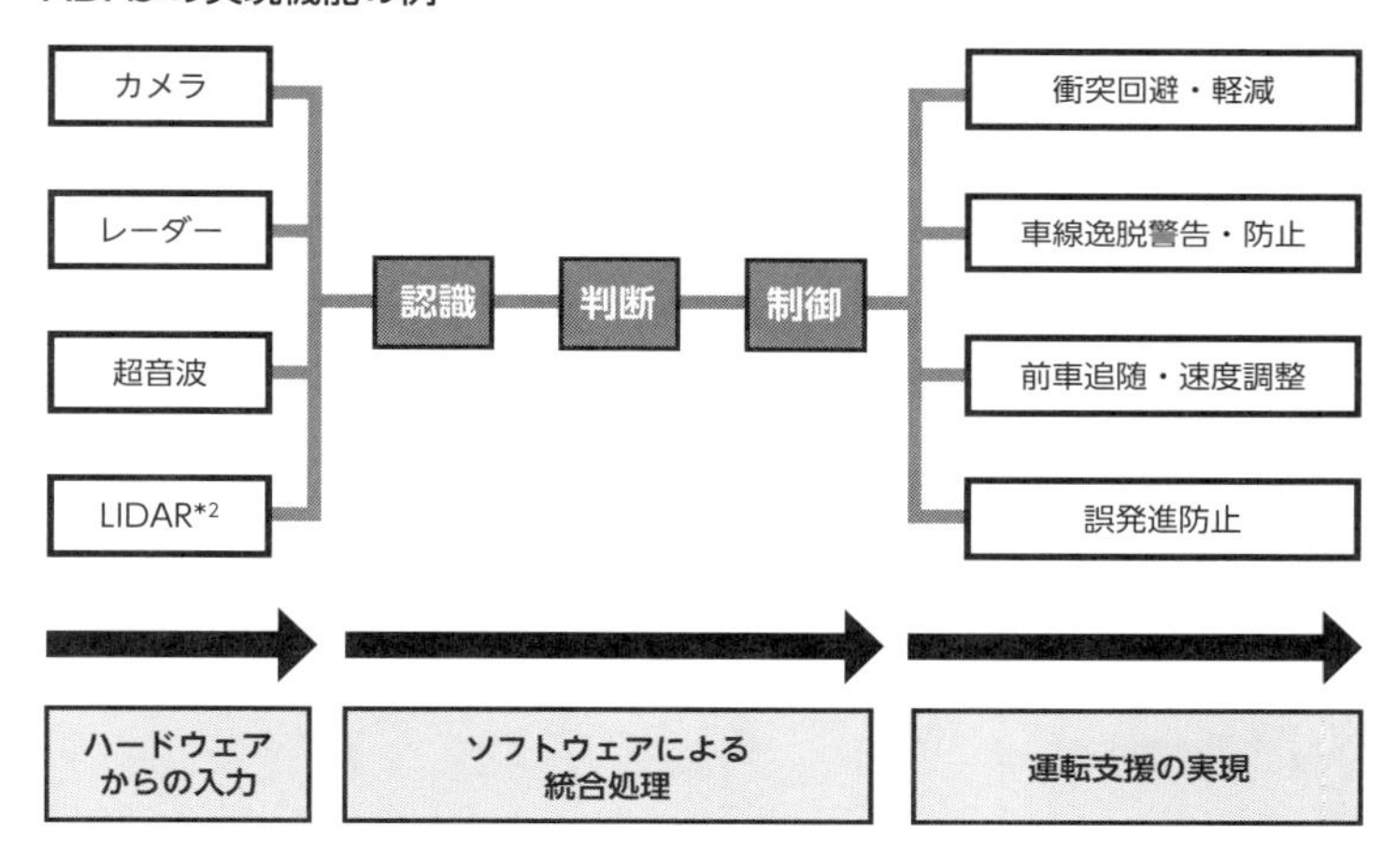

とって安全性を追求することは宿命であったが、それをテクノロジーの力で解決する方法の1つがADASである。ハードウェアとソフトウェアを組み合わせて制御するシステムのことを組み込みシステムと呼ぶ。ADAS製品はこの組み込みシステムを高度に組み合わせた製品ということになる。しかも車の制御に関わるため、安全性が高く要求される。ここで、ADAS製品を開発するということは、カメラやセンサーを車両に搭載し、カメラの映像により、車線や障害物を認識できるようにする、および、レーダーで障害物までの距離を計測できるようにするなど、カメラやセンサーなどの認識や測定結果に基づいて、安全運転を阻害する状況かどうかをコン

*1 筆者作成

*2 Light Detection and Ranging の略。レーザーベースの測量するための装置。対象物までの距離や対象物の他の特性を測定してマッピングするリモートセンシング技術。Velodyne ニュース http://www.velodynelidar.com/news.php

ピューターによって判断し、ハンドル操作やブレーキ補助など駆動系へフィードバックするシステムを開発するということである。そのシステムには安全性が求められるため、安全性に関わる国際標準であるＩＳＯ２６２６２安全標準規格の認証に適合する必要がある。人命に関わるシステムとして特にこの規格に対応することが求められる。これらをまとめると次にようになる。

《ＡＤＡＳ製品開発に求められる要件》
①カメラ・レーダー・超音波・LIDARの特性に応じたアプリケーション開発
②各センサーアプリケーションからの情報を集中管理して適切な状況認識と判断を行い、運転を制御
③ＩＳＯ２６２６２安全標準規格の認証に適合

4.2.2 ＡＤＡＳ実現上の課題

これらの要件を満たすためには、まず、１つ１つ機能を実装していき、さらにそれぞれを統合した開発をマネジメントしていく必要がある。単機能ではなく、複合機能であることが開発の難易度を増加させることになる。さらにこの複合機能開発を安全要求に合致し

てマネジメントするにはどうすればよいかが問われることになる。ハードウェアとソフトウェアを複合させて統合した開発を行うためには、マネジメントだけではなく、開発環境の革新と整備も欠かせない。

さらに踏み込むと、いくら開発環境を整えて統合制御できるような開発を実現できるマネジメントを行ったとしても、望む製品として100％完全に期待通りの状態になるとは限らない。様々なものが複合したときに発生する不確実性の相互作用によって、どうしても取り除けない領域が残るからだ。このような不確実性への対処を、ビジネスの側面でよりよい製品やサービスに反映させる取り組みが必要になる。

以上見たように、ADAS製品開発に求められる要件に対する課題は、基本的なものとして3つ挙げられる。

1　ハードウェアとソフトウェアを複合・統合する開発を行うためのマネジメント

2　複合・統合開発を促進する開発環境の革新と整備

3　不確実性に対する対処をビジネスの側面でよりよい製品やサービスに反映させる取り組み

ADAS 実現における課題と KSF および必要とされるマネジメント*

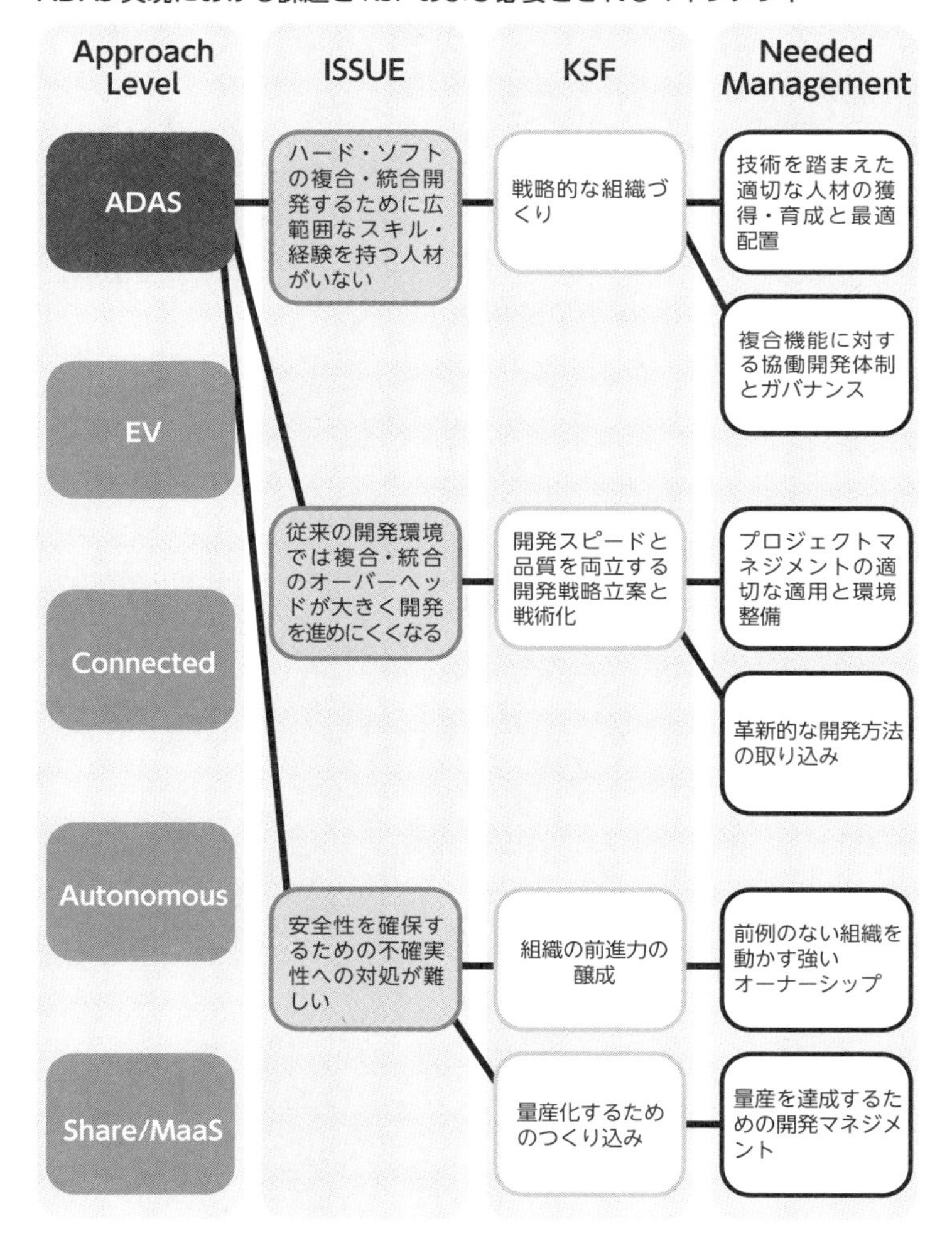

* 筆者作成

以降ではこれらの３つの課題についてそれぞれ、解決するためのＫＳＦ（Key Success Factor）とそれを実現するためのマネジメントのあり方について重要なものを取り上げて整理していく。

4.2.3 ＡＤＡＳ実現上の課題に対する重要成功要因とマネジメントのあり方

4.2.3.1 ハードウェアとソフトウェアを複合・統合する開発を行うためのマネジメント

システム開発に適した人材と必要なスキル

近年ではＩｏＴ／ＩｏＥの進展により、機械をインターネットに繋いで制御する製品と、製品の操作や利用に関するデータを情報処理して、利用者の利便性などの付加価値向上のためのサービスが身近になりつつある。機械に対する制御や操作を、ソフトウェアによって開発されたアプリケーションによって行い、さらにインターネットに繋いで情報処理を行い、制御や操作と連動させるといったことが当たり前になりつつある。

そのため、単なるソフトウェアのための知識だけでなく、ハードウェアについての知識や、制御処理だけではなく、情報処理についての知識も求められるようになる。組み込みシステムは産業機器や家電製品、通信機器などにも搭載されているが、自動車におけるADASにはさらに、機能安全要求に対する開発能力も求められる。

これらの広範囲な知識や開発スキルを短期間に統合的に身につけるのは、もはや現実的ではない状況である。このような複雑な状況においては、そのような広範囲な能力を持っていなくても、それぞれの得意な能力を組み合わせることで、開発チームのパフォーマンスを最大化するためのマネジメント能力も欠かせない。

ハードウェアの設計・開発・検証だけでなく、その上に搭載される制御用のソフトウェアや情報処理用のソフトウェアなどの全体にわたって、求められる要求に対して、いつ・どのように・何をしなければならないかをマネジメントする際に、必要な能力を持った人材に必要なタイミングで協力を仰ぎ、総合力で対処することが求められる。

システム開発を迅速・確実に行う組織力

組織においても、ADASの複合機能の組み込みシステム開発を迅速・確実に行う組織力が求められている。組織構築のためにどのような戦略が求められるかについて考察したい。

まず企業としてより戦略的に前述した素養を持った人を集めて開発力を確保することが第一優先であることは明白である。そのためには、人材マーケットの動向・競合の動向・企業の中長期の事業別戦略について整理した上で、採用戦略を明確にする必要がある。人材マーケットの動向としては、近年のＩｏＴ／ＩｏＥによる組み込みシステム開発者のニーズは高まる一方である。日本国内においても争奪戦が繰り広げられているが、海外においてはより顕著である。

シリコンバレーの某テック系企業の２０１７年入社の大学卒のエンジニアの初任給が円換算で１８００万円を超えたという。第一線で活躍してきた経験豊富なエンジニアの転職時のオファー年収は２０００万円を優に超える。それだけ、この業界ではエンジニアの価値が高い。また、そういった優秀なエンジニアが参画したいと思える環境を提供することは、もはや企業としては当然のことである。

仕事をするために最新のＰＣやスマートフォンなどのデバイスが支給されるなど、コミュニケーションインフラが充実していて、成果を出すために企業サイドが応援する環境はエンジニアにとってとても重要である。

また、日本ではあまり知られていないが、シリコンバレーにおけるテック系企業の労働環境は日本から見ると目を疑う光景が広がっている。例えば、敷地の中にはスポーツジムや、バスケットボールやテニスやスカッシュのコート、プール、ビリヤードやダーツやテレビゲームなどのプレイルームなど、社員が自由に使えて気軽にリフレッシュすることができる環境が充実している。もちろんそういった環境で育まれた社員間の繋がりによって、円滑なコミュニケーションを図りやすくし、仕事の面でもとても風通しがよくなる効果をもたらす。労働環境は労働生産性を高めるための重要な投資であることは明らかである。もちろん、魅力的な労働環境は採用面で有利に働く。それほど、この領域の人材マーケットは競争が激しく、グローバルで見たときに競合企業もこのような投資は当たり前に行っていることを認識しておくべきである。

中途の人材採用は即戦力を求めがちであるが、いわゆる採用のミスマッチによって短期間で他の企業に移籍してしまうことになると、採用コストや教育コストなどが無駄になって収益に大きな影響をおよぼす。いくら高いコストを払って採用に成功したとしても、その企業が目指す姿と採用された社員が目指す方向が異なっていれば、短期間でその企業を離れてしまうことになる。

ＡＤＡＳの領域においても同じことが言えるのであるが、特に人材確保が難しい競争環境にあるからこそ、企業が目指す姿としてのビジョンが大事になる。その部分でいかに社員を惹きつけられるか、一緒に夢を実現したいと思えるかどうかが問われることになる。

一見応募する側のことを思いやったメッセージは、時には他社と差別化できずに採用面で苦戦をしてしまうことになる可能性がある。組み込みシステムの社会における意義を踏まえて、「人々の生活がより豊かに、より幸せになるためのインフラとなりつつあるモビリティと、それを利用したサービスの実現のために新しい技術を駆使して、安心できて安全な持続可能な社会を創るために一緒に働きませんか」といった、未来社会へ貢献するメッセージは、自己実現と共に自己を超越して社会の発展に貢献したいという魅力的で卓越した人を引き寄せる。

そういった人がチームに加わるとそれによって、さらにチームとして仲間として一緒に仕事をしたいと思う同僚が増えて良い人間関係が構築され、優秀な社員が長くポジティブに働き続けたいと思える良い環境の前提になる。逆に自己の利益ばかり追求する人たちが集まると、利害関係ばかり気にするようになり、お互いチームとして協力関係を構築するどころか、足を引っ張ることで相対的に有利に立とうとすることが日常化してしまう。ポジティブに仕事を続けるには強靭な気力が必要となってしまい、とても未来社会に向けてより良い製品やサービスを構築する環境ではなくなってしまう。

また、採用だけでなく、配置や育成においても組織力を高めるために全体を見渡せる素養を持ったメンバーを適切なポジションに抜擢することや、顧客調整・交渉にたけたメンバーを対外調整のポジションに割り当てるなど個々の能力と適正を見極めて最適なフォーメーションを組む必要がある。そして、活躍したメンバーには適切な評価と報奨を行うことは、その人だけに良い効果をもたらすだけでなく周囲のメンバーにも良い刺激となり、相乗効果をもたらす。結局は開発がスムーズに円滑に進むための手段として、個人をモチベートするだけでなくチームや組織そのものをモチベートする視点が重要になる。

機能の統合のためのアプローチと組織構造・ガバナンス

ＡＤＡＳの開発はカメラやセンサーやレーダーなどを統合処理して最適判断を行うため、非常に高い統合能力が求められるのであるが、そのような機能の統合のためのアプローチやガバナンスのあり方についても整理しておきたい。組み込みシステムの開発とビジネスアプリケーションの開発との大きな違いは、機械を制御するためのＯＳとアプリケーションが会話してリアルタイム処理が必要になることである。そのため、機械を動作させるためのリアルタイムＯＳについての知識や取り扱いが必要になる。さらに、組み込みシステムの開発には、リアルタイム性だけでなく、信頼性やロバスト性（外的要因による内部への影響の受けにくさ・強度）、セキュリティ耐性なども重要であり、それぞれの要件を１つ１つ処理していては歯が立たない。

組み込みシステムにおいては、近年ＩｏＴ／ＩｏＥにより、システムとしての機能が複雑化し、肥大化する一方であるため、モジュール化・シリーズ化して開発することで生産性を高めるだけでなく、品質を積み上げていくことにも寄与するため、このような開発のアプローチを取り入れていくことが重要となっている。

ＡＤＡＳにおいても、車をより安心で快適に自律的に動作させるために、ハードウェアをソフトウェアによって制御する組み込みシステムの開発は欠かせない。ＡＤＡＳは組み込みシステムの開発の中でも特に複雑な機能を持つため、できる限りモジュール化・シリーズ化のアプローチを取り入れて、これまで培った個々のコンポーネントの信頼性やロバスト性、セキュリティ耐性も取り込みつつ、短期間に基準を満たす製品をつくり上げることが重要となる。

機能間の結びつきが弱い疎結合なアーキテクチャーを持つシステム開発においては、通常チームの自律性を高め、意思決定のスピードを速めることでパフォーマンスを最大化することが効果的である。しかしＡＤＡＳはアーキテクチャー上、カメラやセンサーやレーダーなどの機能は統合モジュールに密接に結びついているため、密結合となる。これは車線逸脱警告・防止や前車追随などのＡＤＡＳ機能実現には、カメラ単体、センサー単体、レーダー単体での物体認識による操舵判断やアクセル・ブレーキ判断の処理をするよりも、カメラとセンサーとレーダーを組み合わせてそれぞれの物体認識の結果、統合判断を行うことが高精度・高信頼なＡＤＡＳとなるため、アーキテクチャー上の結合度は高くならざるをえない。

このようなアーキテクチャーを持つシステムを開発するには、それぞれ単体での仕組み上の認識限界や、性能限界の課題を相互に補完し合って最適解を導く必要があり、限界の判定を統合判断するアルゴリズムを開発するには、それぞれの単体の仕組みの認識限界や性能限界を統合処理へ受け渡す必要がある。

カメラ単体では、天候の影響で車の周囲の環境が可視光で判定できない場合、単純に停止命令を車に発するのではなく、センサーやレーダーなどの周辺の物体までの距離の認識によっても制御を補完する。このような仕組みを設計上成立させて、最適解を導く設計は一筋縄ではいかない。外光の干渉や、悪天候での視界の悪さや振動の影響など、様々な要因が重なり合って判断に影響をおよぼすため、全体を広く見渡して本来達成しようとしている目的に合致する処理を完結させるために、どう調整すればよいかを戦略的に考えることが必要となる。

このような統合処理を設計・開発するチームには、それぞれの分野に明るい、経験豊富なエースを配置するべきであるが、そのような人材がいないことのほうが多い。このような場合には、マネジャーが各領域のエースと綿密に話し合って、設計や開発を協働して進める対策をとるべきである。複合機能には複合機能に適した開発体制とコミュニケーションのあり方を考えて、そのようにチームを動かすガバナンスが求められるが、マネジャーが実現できない場合はこれをＰＭＯが補完することで組織的に取り組むことも解決策の１つである。

4.2.3.2 複合・統合開発を促進する開発環境の革新と整備

開発マネジメントのためのアプローチやツールにも革新が必要

複合機能の開発には従来型の開発マネジメント基盤では歯が立たない。Excel や PowerPoint で開発計画をチーム別に立案して、全体をサマライズして確認することや、予実を Excel ベースの進捗管理表で確認する、チーム間の課題を報告させて対処するなど、常に管理のための作業が発生し、非効率である。機能が肥大化・複雑化する組み込みシステムの開発の現場では、ビジネスアプリケーションの開発では見られなかったような複雑な課題がハードウェアとソフトウェアをまたいで多数存在する。それらを一刻も早く解決していかないと時間がいくらあっても足りない。そのためには開発マネジメントのためのアプローチやツールにも革新が必要であり、開発スピードと品質を両立する開発戦略の立案と戦術化が必要である。

近年では、ソフトウェア開発におけるアジリティを追求したアジャイル開発アプローチという開発プロセスの考え方があるが、これをツールと組み合わせ最適化することでより開発生産性を高めることができる。ただし、開発マネジメントのためのアプローチやツールは、開発生産性に求められる要求レベルに応じて柔軟に環境を整える必要がある。オンラインでのデジタル化が十分ではないアナログでの開発マネジメント基盤しか利用したことがない組織にとって、いきなり最先端のオンライン統合マネジメント基盤は使いこなせない恐れがある。組織の情報マネジメントの成熟度によってとるべき戦略も変わってくる。

複雑系をマネジメントする組織力

備えるべき統合マネジメントの環境とはどのようなものか。情報伝達・意思決定・組織行動が連動して経営目標を達成しやすくできる状態が、企業や組織の情報マネジメントが成熟した状態であると定義する。組織において経営戦略や経営計画上、重要な情報が意思決定者に適切なタイミングで伝達され、即座に意思決定され、組織の舵を柔軟に変更して、その時々の状況に応じた道を進むことができる状態は、組織のパフォーマンスを発揮する上でとても重要である。

単純系の製品やシステムの開発においては、適切な意思決定と組織の実行力を高める上でもちろん重要であるが、複雑系のシステムを開発する上では、単純系の開発におけるリスクの積み上げ以上に複雑系のリスクが等比級数的に増大することを考えると、それらを成功に導くためにはこのような組織のマネジメント成熟度は必要不可欠である。複雑系をマネジメントする組織力が伴っていない状態で複雑系を開発しようとしても、リスクをうまくさばけなくなり、最終的にはそれらのプロジェクトは失敗に終わってしまうだろう。そういったリスクをさばくための役割をＰＭＯに持たせて企業や組織の情報伝達・意思決定・組織行動を連動させるために全体を統合マネジメントすることも重要である。また、ＩＳＯ２６２６２に対応するためにはＣＭＭＩ（Capability Maturity Model Integration）や AutomotiveSPICE®*といったプロセス標準規格に沿った継続的な組織活動も必要となるが、このような取り組みにおいても統合的にマネジメントする役割を持ったＰＭＯは効果をもたらす。

ＡＤＡＳの開発においても、カメラやセンサーやレーダーなどの個々のハードウェアとそれを制御するシステムの開発は、それぞれ個別に開発したとしても車載における様々な要求を満たすために、通常の家電製品や産業装置に比べても難易度が高いと言われてい

* 自動車メーカーの共同分科会である自動車業界分科会（SIG）、Procurement Forum、および SPICE User Group へ参加する自動車メーカーの合意によって作成された、組み込み自動車システム開発に関するプロセス標準およびイニシアティブの総称。Automotive SPICE® は、Verband der Automobilindustrie e.V. (VDA) の登録商標。
http://www.automotivespice.com/

る。さらにこれらを組み合わせて統合制御するための製品を開発するには、相当要求レベルが上がると考えてよい。これら複雑系をスムーズに開発マネジメントする組織力はもはや必要不可欠と言える。

要求や要件の軌道修正は的確かつ素早く

複雑系の開発といっても、個々のカメラやセンサーやレーダーなどの開発はそれぞれ完全にマネジメントできなければならない。個別の開発プロジェクトを成功させるための前提として、プロジェクトマネジメントを適切に適用することは重要である。

開発生産性・品質を高めるためには要求を要件に落とし込み、それぞれの要件を実現する方法について構想、試作、開発、評価、検証し、量産へ移行していく。プロジェクトマネジメントの世界ではこれらは統合してマネジメントしなければならないと言われている。統合する要素は様々ある。製品やサービスに対する要求を明示するステークホルダーとして、企業のトップマネジメントだけでなく利用者やスポンサーなど利害関係者も含まれる。

ＡＤＡＳ製品は車載に搭載されるため車を運転する人、同乗する人などの反応が製品に反映されなければならない。プロジェクトの成功すなわち、ＡＤＡＳ製品を魅力的な製品にするためには、製品の開発初期の段階で、ステークホルダーの反応を確認して、要求や要件の軌道修正が重要となる。統合開発環境にこのプロセスを取り込める柔軟性がないと、後のフェーズで大きな手戻りが発生することになる。

手戻りとは、開発をやり直すとほぼ同義であり、企業活動においては時間・リソース・費用を無駄にする致命的なものであり、できるだけ避けるべきである。要求の抽出・実装・評価・軌道修正といったサイクルを、構想や試作といった早い段階である程度、試行してフィジビリティを学習しておくことがより良い製品を生み出すために欠かせない。

プロジェクトマネジメントの統合環境においてもこれらの状況が逐次把握され、必要な情報が関係者で共有され、インプットとして情報を受け取り、仕事に取り込む開発者に対する支援が欠かせない。これまでのプロジェクトマネジメント環境では、要求事項はExcelやPowerPointでドキュメント作成され、ファイルサーバーにファイルとして格納されて、必要になったときに取り出して利用するといった形態で管理されていた。

万が一最新の状況が変更されたときに、すでに古い情報で仕事を進めてしまっていた開発者がいた場合は、最新情報に基づいて仕事の成果を見直す必要が生じる。問題は、要求の変更による影響範囲が即座に特定できず、必要な情報が関係者に連絡しにくい状況が発生するということである。単純な要求の変更であれば、即座に全体設計図のどこに影響するかアーキテクトが判断して影響箇所を特定し、関係する開発者に修正を促す。こういった運用は通常の開発プロジェクトでは当たり前に行われなければならない。

もちろん、要求を受けつけないということも解決策の1つではあるが、魅力的な製品やサービスの開発上、最も力が強いのは利用者であり、その利用者のメリットを無視する行為は企業活動において利益を阻害する要因になりうることを理解しておく必要がある。これは従来の開発マネジメントのあり方のパラダイムシフトである。要求は利用者の意見を取り入れて刻々と変化する。モノがインターネットに繋がり、利用者の行動がビッグデータとして蓄積され、ＡＩで分析されるような時代においては、利用者の動きは利用データの解析結果から導き出されるため、ほぼ即座に入手を介さずに理解されるようになるため、競争環境も変化していることを肝に銘じておく必要がある。

テクノロジーの進化によって要求が今まで以上にクリアになり、制御や判断の精度を上げていかなければ、製品の魅力度も競合に比べて相対的に下がってしまう。こういったテクノロジーの進化によって分解能の精度が上がり、障害検知のアルゴリズムを変化させなければならないケースもある。その際、ＡＤＡＳを開発・供給・搭載する企業は、これまでの製品のどこを変更してどういった影響があるかをできるだけ短時間で検証しなければならない。

ADAS開発は単純系システムを組み合わせた複雑系システムのため、統合判断するアルゴリズムに関与しているサブシステム群は、一連の変更管理プロセスに沿って設計変更・開発修正・再評価を効率的に実施しなくてはならない。統合マネジメントをしっかりと行える組織は、このような要求の変更に対する影響範囲の特定を即座に行える環境を用意している。

オンラインコミュニケーションツールの活用

統合マネジメントを促進する環境として、様々なツールがあるが、ここでは代表的なものとしてWikiを取り上げる。WikiとはWebブラウザを利用してWebサーバー上に情報の蓄積と共有、閲覧を行えるシステムや情報群の総称を表す。

これまでに述べたような統合マネジメント上の課題を解決するためには、

①　要求事項が開発項目にどのように関係しているか可視化されている

②　変更される要求事項がどの開発項目に影響するかを即座に調べることができる

といった要件を満たしておく必要があるが、このためにはオンラインコミュニケーションツール上で要求事項と開発項目の関係を明示しておくことが有益である。

オンラインコミュニケーションツールには、プロジェクトに関係するステークホルダーや開発者が利用できるようにアカウント登録を行い、セキュリティを確保した上で、推進しているプロジェクトの情報を共有する。そこにはプロジェクト大方針として、プロジェクトオーナーがこのプロジェクトの成果によって何を目指しているのか、企業戦略との関係は何か、社会にもたらすインパクトや競合企業との差別化のポイントは何か、これらとそのプロジェクトに求めていることとの相関関係はどうか、成果を達成するために社内外の関係者がどのような役割と責任に関わっているのか、使えるリソースにはどのような制約があるのか、前提条件・制約条件を明確にしておく。

プロジェクトマネジメントの世界ではプロジェクト憲章と呼ばれているが、これをオンラインで常に確認できるようにしておくことが重要である。従来であればプロジェクトオーナーが現場に頻繁に来て現場とコミュニケーションをとり、現場の士気を高めるといったことをやっていた。現在においても有効であるが、さらに効果的にチームに浸透させるには、常に目に触れるようにしておくということが重要である。

ＡＤＡＳ開発の現場では、関係者が大部屋に集まり1か所で開発するといったことが実現できるなら、壁に張り出しておくという方法もよいのだが、なかなかそうもいかない。カメラやセンサーやレーダーなど様々なデバイスで、分野も異なるようなものを組み合わせる際に、物理的制約を受けて別々の場所で開発せざるをえない状況も発生する。オンライン統合マネジメント環境としてＷｅｂサイトを構築して、目立つところに配置しておけば、バーチャルな大部屋で開発していることと同じ効果が得られるのである。

システム開発の基本は、要求を満たしていることを評価して合格することが、製品やサービスをリリースするための条件となるため、必ず最後の評価でこのことを確認するのであるが、基本構想策定時や要件定義の初期段階で、これらの達成するべき要求事項が整理しきれず、後追いで定義していくケースだと問題が多々発生する。このようなケースでも、その時点でどこまで定義できているのか、初回のリリースはどこまで満たすのかを合意して進めていくことが重要である。

これをステークホルダー間でも合意するために、統合マネジメントツール上でプロジェクト情報を公開して、関係者すべてに要求事項と開発項目の関係性をオープンにしておく。これによってゴールが明確になる効果もあると共に、修正に対する影響も特定しやすくなる。複雑系になればなるほど、この要求と開発項目の関係性は組み合わさっていくことになるのだが、それでも明示しておかなければ統合マネジメントができず、魅力的な製品やサービスをリリースできないことになり、企業の成功はおぼつかないだろう。

開発・検証ツールでスピードの向上

近年ではＨＩＬ（Hardware In the Loop）やＳＩＬ（Software In the Loop）というコンピューターによるシミュレーション環境を構築し、実機による検証の前にシミュレーションテストを繰り返し行うことで要求に対する網羅的な検証を行うことが主流となりつつある。

これらの開発・検証ツールを利用することで、従来のＶ字開発モデル、あるいは現地現物という考え方に沿って忠実に検証していくよりも、圧倒的に開発・検証のスピードを向上させることができる。

例えば、開発したものをテストするというとVerification（検証）やValidation（妥当性評価）することが従来の考え方である。これは実際に開発されてでき上がったソフトウェアやハードウェアとの組み合わせであるシステムに対して、当初設計した通りに動作するか、あるいは要求に合致しているかといったことを第三者がテストをするのであるが、この考え方にはモデルを使ったテストというものが含まれていない。

一方モデルベース開発においては実機の機械装置と同じ動作をするバーチャルなシミュレーション環境を定義して、その中で、バーチャルに変換されたシステムが開発されたものと同じ動作をすることで、設計通りの動作をするかといったVerificationや要求に合致しているかといったValidationなどのテストを実機での実施の前に行う。これにより、ＩＳＯ２６２６２安全標準規格の認証に適合するための効果的な検証なども行いやすくなる。実際にＡＤＡＳ製品のプロトタイプを試作して、車に搭載して検証するといったことをやろうとすると膨大な時間がかかってしまい、開発とテストを繰り返して、信頼性の高い製品をつくり上げる時間がかかりすぎてしまう。モデルベースの開発やテストツールは、これからの高機能・高信頼・複合システムの時代に欠かせない開発プラットフォームとなる。

4.2.3.3 不確実性に対する対処を革新に繋げる

ＡＤＡＳ製品のような不確実の高い開発に取り組むには、強い当事者意識と意志を持って前例のないことに立ち向かうOwnershipと、量産に向けての適切なマネジメントが特に重要となる。自動車という便利なものを生み出した人類にとって、事故を防ぐことは宿命のようなものであり、事故をゼロにするためにそのようなシステムを開発して、世の中を変革したいという高い志が成功要因の１つとなりうる。個人だけでなく、企業として組織としてチームとしても、強い意志を持たせるということは重要だと考えられる。また、自動車メーカーやサプライヤーはこれまでのモータリゼーションの中で安全な車づくりを追求してきた。ＡＤＡＳや自動運転が進展したとしてもこのモノづくりの技術やマネジメントの基本部分は変わらない。つまり、量産に向けての適切なマネジメントを行わなければ大量リコールとなって顧客の信頼を損なうことは明白である。

関わりの先には常にユーザーがいることを意識する

強い当事者意識について要素分解して考えると、関わりのある相手への配慮・意識の高さや絶え間なく成果を感じられる環境をいかに醸成するかなどが重要となる。関わりのある相手への配慮・意識の高さとは、目の前の機能だけのＩ／Ｆ（インターフェイス）をただ単に開発するのではなく、その先の協働で開発している相手の立場に立って、共に課題解決する意識が欠かせないことを意味する。さらにその先には必ず利用者がいて、利便性や快適性や安全性や即時性など様々な価値に繋がっているということが、新たなサービスを生み出す際にとても重要である。

要は革新的な機能を評価するのは、最終的には利用者であり、サービス設計の段階からそれを強く意識することが付加価値の高いサービスに繋がるという考えである。プロジェクトチームにもこのような意識を持たせるアプローチをとることはとても重要である。

Uberの利用者によるドライバー評価の仕組みは正にこれに当たり、ドライバーも利用者による評価を双方向で行うことで、サービスの質を高める設計がなされているというのは、本当の価値あるサービスを創る上で重要な機能になっていると言える。

実現の楽しさを都度感じられるように

新たな価値を創造するプロジェクトでは、困難に直面することは当然であり、それを乗り越えるには、絶え間なく成果を感じられるようにすることも大切である。例えば完全自動運転システムをＡＩ技術を用いて開発するアプローチは、開発段階ではいくら安全と技術的にわかっていても、結局は走行データを蓄積して、安全性を証明しつつ、社会的に受け入れられるように配慮しながら、法制度の改正も働きかけていく必要がある。そのため実現するまでに時間を要するため、それを開発する側のモチベーションも長続きしにくいのではないかと考えられる。

むしろ、完全自動運転に至るまでのレベルを段階的に上げるアプローチにより、社会的受容度を上げていくほうが、開発の途中段階で社会に受容度を感じ取ることができるため、成果を実感しやすく、開発する側にとっても、高いモチベーションに繋がりやすい。ＡＤＡＳについては自動運転のレベル１やレベル２からのアプローチであるため、そのように徐々に製品をリリースしていき、利用者に安全性をもたらし社会的な有効性が認められていくことで、開発する個人、チーム、組織、企業にとっても必要な存在として認められることになり、開発意欲が高まるものと考えられる。

少しずつ実現したものにより社会の反応や評価を得て、次の開発に活かしていくことで実現の楽しさを早い段階で獲得でき、次の階段を上りたいという意識が生まれるのである。山登りにたとえると1歩1歩かみしめて苦労するからこそ、途中の景色の変化や徐々に山頂に近づいている気持ちの高まりも楽しめるということである。

つまり、楽しみながら実行すれば行動も変わるというファンセオリー*の考え方とも通じるところがある。

当事者意識を醸成する

今述べた当事者としての視点があると、様々な前向きなアイデアが生まれやすくなり、より付加価値の高いビジネスや新たな社会的価値を創造することに繋がりやすくなる。未来を共に創る意識と、それを実現したいと思う強い意志を、どれだけ適切な言葉で、異なるバックグラウンドを持つプロジェクトメンバーに共有し共感を得られるか。それによって、メンバーの当事者意識をどれだけ高められるか。これからのマネジメントにはその能

* Funtheory のホームページ
http://www.thefuntheory.com/

力は必要不可欠である。

ＡＤＡＳのような複雑で不確実性の高い製品を開発する組織やチームにおいても「ＡＤＡＳを世界中の車に搭載して世の中から事故をなくしたい、安心・安全な社会を築きたい」という強い意志、つまり当事者意識（Ownership）を醸成することは重要である。事業に対する代表者ということであり、事業に対する責任を持って社会的使命を果たすということである。人間の存在欲求の1つにも繋がる考え方であり、この概念がチームに浸透することで短期的な利益追求ではなく本来なすべきことを心の底から考えられるようになる。

そういった情熱によってプロジェクトを前進の軌道に導くことが、プロジェクトを成功させるために重要である。特に安全性を追求する上で妥協は許されない。大きな目的に対して課題を1つ1つ潰していく地道な対応が求められるが、そのような情熱の繋ぎ役として環境を整えるＰＭＯを設置することも有効である。ＰＭＯは単に課題解決のイニシアチブをとってリードしていくだけでなく、チームとしてOwnershipを醸成し、個々のパフォーマンスを最大限に引き出す役割も求められる。

量産に向けての適切なマネジメント

不確実性を排除するためにマネジメントするべき要素の1つとして、システム全体に求められる目に見えない機能を、いかにして開発初期段階に定義しておくかが非常に重要である。これらの対応は企業内でばらばらに都度対応していては、非常に無駄が多いためパッケージ化・モジュール化して常にブラッシュアップしつつ、あらゆる開発の検討事項に取り扱われるようチェックポイントを設けるべきである。

プロジェクトマネジメントの領域では、全体の開発フェーズを明確にしてフェーズごとに開始基準と完了基準を設けて、フェーズ完了と次フェーズ開始の基準達成判定を行うゲートマネジメントが重要である。このようなチェックポイントを組織の意思決定プロセスに取り入れることが量産化に向けては必須となる。特に安全に関わる製品を扱う自動車メーカーやサプライヤーにとってこの量産化に向けてのマネジメントは避けては通れない。開発試作から量産化するにあたり、満たすべきポイントは多数ある。

例えば、品質マネジメントとして、過去発生した類似不具合事例から逆算してFMEA（Failure Mode and Effect Analysis）やFTA（Fault Tree Analysis）といった手法とあわせて活用するなど、不確実性が高い状況であったとしても、過去の知見から学ぶことで不具合を予測しリスクを最小限にすることは重要である。このようなアクションが適切に実施されているかをゲートマネジメントに取り入れてチェックすることで、組織としての考え方を定着させることは組織のマネジメントレベルを向上させる上で重要である。

4.3 EVを実現するために必要となるマネジメントとは

4.3.1 EV開発・普及に求められる要件

いかにしてEVのプラットフォームを開発するか

EVを取り巻く自動車業界や市場の動向については第1章で述べたが、EVを開発し、広く社会に浸透させるための重要なポイントは、いかにしてEVのプラットフォームを開発するかにかかっている。ここでいうプラットフォームという言葉に含まれる意味にはいくつかの要素がある。技術的・経営的・社会的・法的な要素で、EVが社会の中心となるかどうかが変わってくると考えられる。

EVは文字通り電気を動力源として駆動する移動体のことであり、これまでの内燃機関に用いられてきたガソリンエンジンやディーゼルエンジン、トランスミッションなどの駆動系装置は、ＥＶではモーター・インバーター・電池に置き換えられるために、主要部品構成が大きく変化する。これらの変化をいち早くとらえて、開発力やサプライチェーンを再構成して変化に対応していくことが求められる。

市場の原理に従うと、ＥＶ普及にはまだしばらく時間がかかると考えられている。利便性や環境負荷や経済合理性などのバランスをトータルで考えて、ＥＶのほうがメリットが大きくなったときに人々はＥＶに乗り換えるだろうが、現状ではＥＶのメリットはまだ万人に受け入れられる状況となっていない。

また環境負荷に対する合理性については、ＥＶを走行させるときの環境負荷だけでなく、ＥＶに充電される電力の発電・供給における環境負荷についても考慮した上で、トータルで内燃機関の自動車との比較を行う必要がある。

これらの観点から、ＥＶ開発・普及に求められる要件について整理すると、以下のように5つにまとめられる。

《ＥＶ開発・普及に求められる要件》

①モーター・インバーター・電池についてのそれぞれの性能を高め、リニアに持続的な推進力を生み出す機関としてのプラットフォーム開発力

②モーター・インバーター・電池についての生産能力・供給力
③社会的なインフラとしての充電設備やメンテナンス環境の整備
④内燃機関に対して電動化の経済合理性が上回るための革新
⑤自然エネルギーの普及等による供給電力も含めた環境負荷の優位性が上回るための変革

4.3.2 EV実現上の課題

前述のEV開発に求められる要件を満たすためには、まず、これまでの内燃機関を前提とした車両開発に比べて機能構造がシンプルになり、汎用品での対応が可能となる部分が増えるため、自動車産業に新規に参入するための参入障壁が下がることに対応しなければならない。

次に重要な点としては、すり合わせ型のアナログ開発から、組み合わせ型のデジタル開発の実現である。これまでの内燃機関やトランスミッションなどの駆動機関は、機能が複雑で様々な部品の開発において熟練の経験と知識が必要であったが、もはや汎用品を組み合わせさえすれば、ある程度の製品としては成立する（もちろん、安全性や高度な制御などは特別な機能開発が必要であるが）。

そしてＥＶ開発だけでなく、ＥＶが社会に浸透するためには、ＥＶが既存の内燃機関の自動車よりも社会インフラとしての車の利用価値が高いものとして認識され、人々に受け入れられなければならない。単に電気で動く自動車として販売されたとしても、人々が購買したいと思えるような意義を感じられなければ社会には浸透しない。ＥＶで使用される電池に充電される電気が生み出される過程で排出される大気汚染物質が、内燃機関の場合よりも低減される姿を明示し、充電設備も整えられ、メンテナンスも行いやすくなる環境が整って初めてＥＶが浸透する前提が整う。単なるモノとしての製品開発ではなく、社会インフラとしての開発が重要となる。

こう考えると、ＥＶ開発に求められる要件に対する課題は基本的なものとして3つ挙げられる。

1　機能構造のシンプル化に伴う戦略的マネジメント
2　アナログ開発からデジタル開発への変革
3　社会インフラとしての目指す姿の明示と啓蒙

それでは、先と同様に、要件を満たすためのこれらの3つの課題についてそれぞれ、解

EV 実現における課題と KSF および必要とされるマネジメント *

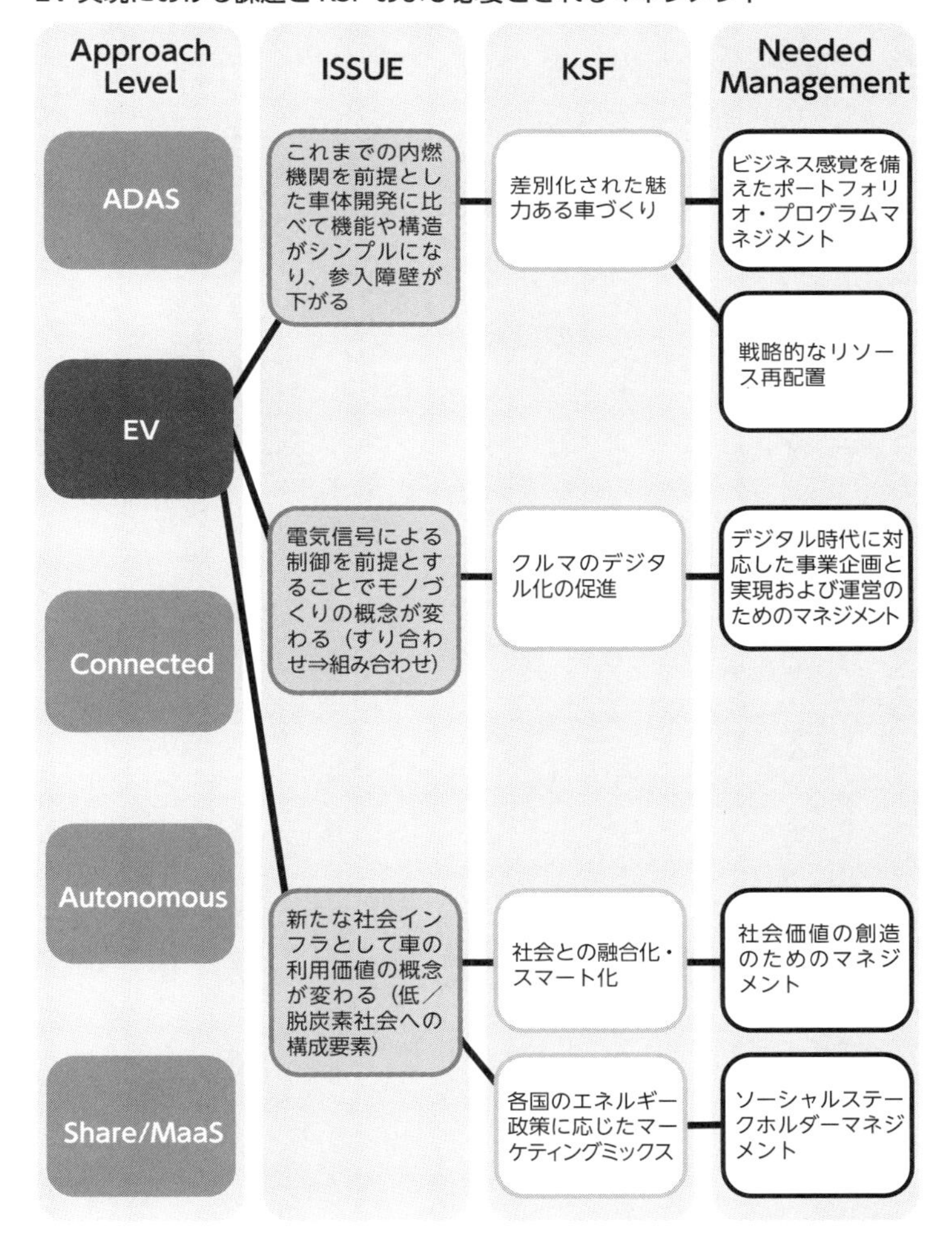

* 筆者作成

決するためのＫＳＦとそれを実現するためのマネジメントのあり方について重要なものを取り上げて整理していく。

4.3.3 ＥＶ実現上の課題に対する重要成功要因とマネジメントのあり方

4.3.3.1 機能構造のシンプル化に伴う戦略的マネジメント

ＥＶの競争要因をきちんと把握する

ＥＶの動力源は電池に蓄えられた電気であり、これを取り出して動力とするためには、インバーターとモーターが必要になる。従来のガソリンエンジンやディーゼルエンジンによる内燃機関では、動力を取り出すために、シリンダー内でガソリンや軽油などの燃料を空気と混合させて圧縮して点火・爆発させ、その勢いでピストンを動かし動力を得る。この動力の取り出し方の違いで大きく異なるのが機能の構造である。

インバーターやモーターは、今では汎用品として様々な産業機械や家庭用機械に利用されており、自動車用に改良は必要であるが比較的容易に調達できる。一方でガソリンエンジンやディーゼルエンジンによる内燃機関は、およそ数百点から数千点におよぶ細かな部品の組み合わせでできており、その構造は非常に複雑で簡単に開発することはできない。このような構造の違いが意味するところは、動力源は近い将来競争要因ではなくなるということである。

現在はまだ内燃機関全盛であり、エンジンの馬力や出力の大きさはドライブフィールとして、ドライバーに運転する楽しさを演出する。馬力や出力が大きくレスポンスの良い車は、小気味よく加速してドライブを楽しいものにする。そのため、同じクラスで同じくらいの費用であれば、馬力や出力の大きさは比較され、競争力の一部としての要素となりうる。

ところがＥＶの時代になれば、これまでの内燃機関を前提とした車両に比べて機能構造がシンプルになるため、機能間の性能の差がつきにくい状態になる可能性が高い。もちろん電池の容量はしばらくのうちはＥＶの利用者にとって、航続距離に直結するため重要であるが、充電インフラや充電方式の改良により電池の容量も競争要因にならなくなる可能性がある。

このようにＥＶでは汎用品の組み合わせを前提にモノが構成されるため、差別化の要素が中長期的に変化していくことになり、何を魅力として打ち出すのかが重要となる。魅力を変化させて、それに応じた戦略を見直した上で実行していくことが、ＥＶ開発と普及の成功のカギとなる。

普及当初は、内燃機関と比較したインバーターやモーターのリニアな出力特性と、ＥＶ特有の加速感の心地よさが差別化要因となるが、ＥＶが一定割合普及するとこれは差別化要因にはならなくなる。また、ＥＶ普及当初は充電インフラや充電速度が不十分で、充電残量が減った場合に次の充電設備にたどり着けない心配や、充電時間がかかりすぎて移動に支障が出るなどの要因から、航続距離の長さも競争要因であるが、これも充電インフラの充足と全個体電池などの技術革新と共に充電環境が充実化されて、いつでもどこでも手軽に充電できるようになり、競争要因にはならなくなる時期が近い将来訪れる。

ポートフォリオ・プログラムマネジメントが必要

差別化の要因が刻々と短期間に変わっていくことを前提に、その時々の市場への訴求ポイントを整理して、魅力を伝えていくことは重要である。それを可能にするためには差別化された魅力を常に定義し直すことであり、それを実現するためにはポートフォリオ・プログラムマネジメントが必要となる。

これは、ＰＭＩ®*（プロジェクトマネジメント協会）でも提唱されているマネジメント

*「PMI®」は、米国 Project Management Institute, Inc. の米国その他の国における登録商標

手法の1つであるが、ビジネスの価値追求のためには欠かせない手法である。企業の戦略や目的を達成するために、資源の割り当てと意思決定を行い、様々な企業活動をマネジメントすることを指す。

そのためには、企業の戦略や目的へ適合できるように各種企業活動のバランスを保つと同時に、企業戦略や目的実現に向けて、企業の意思決定者やスポンサーといったステークホルダーとの良好な関係性も保ちつつ、経営資源を効果的に活用できるようにすることが求められる。つまり、企業活動の実行レベルの舵取りを行うことであり、意思決定するためには組織の胆力が必要となる。

また、ポートフォリオ・プログラムマネジメントの真髄はバランスをとること以外にも、短期間に変化する市場の動向に対応するために、ポートフォリオの構成要素を組み替えるということが大事になる。このような組織マネジメントにおけるゲートを保持している企業は、激変する競争環境の中でも適応していくことが可能となる。電動化へシフトする際にポイントとなる要素を組織的に判断し、攻めるべくして攻めて、守るべくして守る意思決定力が問われることになる。ここでの意思決定のポイントとしては、一言で言えば電動化に関する市場の動向を的確に見極めて、経営資源を振り向けることで中長期的に競争優位性を見出せる状態をつくり出せそうかどうかを判断することであるが、事は簡単ではない。

ポートフォリオの組み替えとバリューチェーンの再構築

国ごとに排ガス規制や電動化に向けた様々な優遇政策が異なり、それぞれの進展度や優遇度の大きさによって、電動車の販売についての勢いが変わってくる。国の中でも、地域によって状況が変わる。米国では、電動化に積極的な州とそうでない州とでは状況が異なる。また、制度が施行されるタイミングが異なり、それによって電動車の販売が伸びる時期も変わることになる。こういった動向を各国・各地域で積み上げていき、欧州や中国は電動化のスピードが他の地域よりも速いという動向から電動車の投入スピードを速め、他地域を遅くしたりするなど地域別のポートフォリオを組み替える。それによって、ある地域では電動車の比率が内燃機関の比率を超えることになる時期も見えてくるため、それに伴う部品調達や工場のラインの見直しなども並行して行わなければならない。

ポートフォリオの組み替えを行う上で重要なのは市場の動向である。世界全体を地域や国や州で分けて判断するが、ばらばらに判断していては対応が遅れることもあり、戦略的に全体俯瞰して役割と責任を果たせる組織が必要となる。これまでの販売計画の立案と異なる点があるとすれば、単なる台数の計画ではなく、事業のポートフォリオを組み替えるという意味において異なる。つまり、バリューチェーンを再編するという意思決定である。

電動化するためにはそれに必要な部品構成要素が大きく異なってくる。バッテリーはもちろん、モーターやインバーターなど、これまで内燃機関を前提に構築していたバリューチェーンが大きく異なるため、それに応じた開発や調達、生産、評価、出荷、販売など様々な仕事のやり方を変える必要がある。単に販売目標を変えるというだけの話ではない。限られた経営資源を非戦略領域から戦略領域にシフトしなければ中長期的には衰退していくことになる。ポートフォリオマネジメントを司る組織においては、これらのことを踏まえて適切な意思決定を行えるようにする役割があることを認識しておくべきである。

自動車メーカー・部品メーカーの電動化への動き

それでは、自動車メーカーやサプライヤーはどのように製品やサービスのポートフォリオを構成するべきか、ということについて当てはめて考えてみたい。英国とフランスは2040年までにディーゼル車・ガソリン車の販売を禁止すると発表し、中国ではNEV法が2018年から施行されるなど、排ガス規制が強化される中、自動車メーカーの電動化への動きが活発化していることは第1章で述べた。

Renault・日産自動車・三菱自動車グループは、経営計画「アライアンス2022」の中で、

2022年にはグループ全体の30%を電動車が占めるという目標を掲げている。トヨタ自動車は2017年12月に、電動車の販売比率を2030年までには50%とする目標[*1]を発表した。Volkswagenグループは2017年9月に、2025年までの目標として300万台の電動車を販売すると発表した[*2]。新興EVメーカーのTeslaは2017年通年の販売台数を10万1312台と発表し、前年比33%増と勢いを維持している[*3]。

これらの動向から、世界的な電動化の流れはもはや疑いなく成長する領域であり、既存の自動車メーカーは5年から10年先を見た中長期戦略において、電動化の流れを無視できない。各社の経営戦略の中になんらかの考慮がなされてしかるべきであるし、組織における管理職や現場レベルでも、電動化へのシフトはもはや避けて通れないと感じているだろう。100%電動車であるTeslaを除いて、各自動車メーカーは電動化の比率を5年後から12年後に30%から50%とする目標を掲げている。世界の3大グループがそのような目標を立てているのであるから、それらを取り巻く自動車部品サプライヤーもそのような販売目標を前提にしたバリューチェーンを再構築するだろう。30%から50%の販売商品構成が今後5年から12年の間に変わるとなると、開発段階の商品構成は少なくともその数年前からスタートし、企画段階に至ってはもはやそのような構成で開発プロジェクトやバリューチェーン再構築のための活動がスタートしていると考えられる。現在市場の中で存在感を

*1 トヨタニュースルーム
https://newsroom.toyota.co.jp/jp/corporate/20352116.html
*2 Volkswagen ニュース
https://www.volkswagenag.com/en/news/2017/09/Roadmap_E.html
*3 Tesla ニュースリリース
http://ir.tesla.com/releasedetail.cfm?releaseid=1053245

発揮している企業でさえ、ポートフォリオマネジメント、すなわち新たな商品構成とバリューチェーン再構築に戦略的に取り組まなければ、激動の波に飲み込まれることになりかねない。

垂直統合モデルから水平統合モデルへ

ＥＶを開発する上で、汎用品であるがゆえの宿命としてコストの問題がある。高度な技術を要する内燃機関の場合はそれだけで付加価値があったため、そこにある程度のコストをかけてでも実現することに意味はあった。しかし、汎用品の組み合わせで実現できるＥＶの世界では、魅力度の変化により、そこにはあまりコストをかけることができない時期がいずれ訪れる。モノづくりの世界では、汎用品は共通化してボリュームメリットによりコスト削減する手法がとられてきたが、ＥＶの開発においてもいずれそのようなことを念頭において開発しなければならない。もちろん競争力を高める要因の１つになりうるため、その仕組みをつくったものが競争を制する可能性が高まるが、自動車メーカーや部品メーカーはそのことを意識してプラットフォームを構築しておく必要があるだろう。

第２章でも述べた通り、自動車メーカーと部品メーカーはケイレツの垂直統合モデルから、グループ内外も含めた水平統合へと拡張したビジネスシステムを再定義しておく必要があり、EVの汎用品開発と調達においても、グループの垣根を越えた水平統合を発展させてボリュームメリットを追求することが重要となる。車載用リチウムイオン電池はその1つである。電気自動車向けの大容量リチウムイオン電池は、規模の経済によってコストを下げていくことができるだろう。

このようにEVの開発においては、汎用品での対応が可能となる部分が増えるため、自動車産業に新規に参入するための参入障壁が下がることに対応しなければならない。それを前提にした競争戦略と、そのためのマネジメントが重要となることを認識しておくべきである。

リソースを再配置して、競争優位性を高める

仮にこの水平統合が順調に再編できたとした場合、現在の自動車メーカーや部品メーカーの内部では何が起きるだろうか。このような流れの中で、各企業が戦略的に競争優位性を高めていくには、さらに分業と集約を進めて、汎用品に投入するリソースをできるだけ生産的にして、生産性が向上した部分のリソースをより戦略的な領域の開発と生産に再配置することが重要となる。

EVの開発では、エンジンやトランスミッションの物理的スペースがバッテリーとモー

ターとインバーターに置き換わるため、設計やデザインの自由度が大きく増す。そういったデザイン面で差別化を目指すことや、自由な空間デザインから生み出されるスペースを活用した新たな移動サービスの開発を行うことで、これまでにない魅力を提供できるようになる。ＥＶの特徴を適切にとらえて、こういった付加価値を新たに考えて実行していくことにリソースを再配置できれば、電動化への急激な変化にも対応して競争優位を持続できるはずだ。

自動車メーカーだけでなく、サプライヤーにとっても差別化は大きな課題である。デジタル化の時代において技術革新は日進月歩であり、１つの技術が収益を生み出せる期間は非常に短くなる。車載用リチウムイオン電池は、全個体電池の量産化が実現されれば圧倒的に不利になるだろうが、ゲームチェンジャーとなりうる製品の動向把握と、既存製品のライフサイクルを見極めて自社のポートフォリオを戦略的にマネジメントすることは改めて重要である。

自動車産業においては未曽有の大変革期であるため、自動車メーカーにとってＥＶの開発を行うことで得られる生産性への貢献は重要である。これによって新たなモビリティサービスの実現やコネクティッドカーの開発、自動運転の実現など、これからの戦略領域に機動的にシフトしていくことが強靭な企業となるためには重要となる。１つの製品を徹底的に磨き上げるために日々改善を繰り返すだけでは、この激変する競争環境に取り残されてしまう。これまで磨いてきたものを積極的に活用しつつ、市場の動向をにらみながら、必要となる技術を磨くためにチャレンジしていく考え方がこれからの時代には欠かせない。

4.3.3.2 アナログ開発からデジタル開発への変革

時間・空間・人間の3つの「間」を繋ぐサービス

ガソリンエンジンやディーゼルエンジンなどの内燃機関の自動車から、純粋な電気自動車に置き換わった場合に、バリューチェーンに起きる変化として見過ごせないことがある。それは電気・電子技術により自動車を制御するということが、自動車のデジタル化を促進する可能性が大きいということである。

現在の内燃機関の自動車のエネルギーは、人間が物理的に補充しなければならず、常に人間を介したアクションを必要とするためアナログの世界である。一方、電気自動車のバッテリー残量は、電子制御でインターネットを介して状態把握することが可能となり、その情報をもとに、充電スタンドに立ち寄るプランをナビゲーションシステムに自動的にセットすることも可能となる。さらに、充電スタンドがワイヤレス給電可能になれば、エネルギー補給のために人間のアクションを必要としなくなるため完全にデジタル化が可能になる。これに自動運転の仕組みと、スマートフォンによる人間とのインターフェースが加わると、完全にスマートフォンで目的地までの移動を制御できるようになる。これは移動に関するすべてのアクションが、コンピューターとインターネットで完結してしまうデジタル化を意味している。

移動に関するすべてのアクションがコンピューターとインターネットで完結すると、サービスの提供方法が変わる。燃料の補給や駐車場の確保といった、車を利用する上で従来制約だった要素が取り除かれるのであるから、これまで制約によって成立していたサービスが淘汰され、その制約のために成立しなかったサービスがビジネスとして成立する可能性があるということである。

内燃機関やトランスミッションなどからモーター制御に変わることで構造がシンプルになり、自動車の車内空間デザインに自由度が生まれ、サービスの構成要素として車内空間もが含まれることになる。自動運転が実現されれば、サービスの構成要素に時間も含まれる。時間・空間・人間の3つの「間」を繋いだときに見えてくるサービスが、今後の自動車産業の変化に大きな影響をおよぼすだろう。実現するためには考えなければならないこともそれだけ増えてくるが、間を繋いで考えられるかどうかが重要となる。

デジタル化した時代のサービスとは

利用者にとってデジタル化されるだけでなく、デジタル化は電気自動車の生産側にとっても進んでいくことになる。前述の通り、汎用品の組み合わせにより電気自動車を開発することができるようになるため、設計・開発・製造・評価をコンピューター上のバーチャルな世界の中で設計・開発したものが、ロボットなどの産業機械で自動生産され、センサーによって評価データが取得され、ＡＩコンピューターによって良品かどうか判定するといったことが実現しやすくなる。

エンジンやトランスミッションは複雑な開発工程の上で、部品と部品の複雑な組み合わせで実現されており、そのような複雑な干渉を開発者のすり合わせ力によって解決してきたのだが、そういった複雑な構造ではなくなるということは、開発や製造工程を簡素化、自動化して生産性を高める余地が増えるということである。努力をした自動車メーカーは、その開発生産性の向上と生産能力の向上によって競争力を強化することができる。さらに一歩踏み込めば設計・製造工程を自社で持たずにＯＤＭ（Original Design Manufacturer）に委託してファブレス化し、経営資源を再配分することで強みを活かして競争力を強化することも想定できる。

これらのデジタル化の可能性は、企業の競争力強化や差別化に大きな意味を持つ。電気自動車はこのデジタル化の前提として大きな戦略要素の1つでもあることを忘れてはならないが、電気自動車単体でビジネスを企画していては、戦略的な意味を見出せなくなる。デジタル化時代の考え方でとても重要なのは、サービスを提供するためのすべての要素がインターネットを介して繋がるということである。開発や生産工程でさえ、コンピューターやロボットの世界で完結されるということである。これを自社の競争力強化に取り込むために、バリューチェーンを再構築するべきである。

すべてを繋いで考えた場合に、顧客のサービス利用に関わるデータからどのような体験が顧客の望みなのかを分析し、その情報をサービス提供を司る組織や部隊にフィードバックし、サービス提供の質を高めることや、そのために必要な設計・開発・製造と連携して次世代の自動車とサービスを連動させる取り組みを行うなど、これまでは情報が分断されて実現できていなかったことが、デジタル化をきっかけに実現できる可能性が高くなる。(モビリティサービスについては後述)。

4.3.3.3 社会インフラとしての目指す姿の明示と実現への挑戦

ＥＶの環境に対する負荷

電気自動車を普及させる上で重要な視点は、未来の社会を創るという視点である。電気自動車は新たな社会インフラとして自動車の価値の概念を変える。自動車メーカーにとって、電気自動車はもはや市場に対して販売台数を増やし、利益を獲得する手段だけではない。再生可能エネルギーで電気自動車の動力源である電気を賄うことができれば、地球温暖化の原因であるＣＯ$_2$など、大気汚染物質を排出しないことに繋がる。ただし、電気自動車が走行中は大気汚染物質を排出しないのだが、充電する電気がどのように生成されたかによって、環境に対する負荷が変わってくる。

石炭や天然ガスを燃やす火力発電でつくった電気を使って充電するのであれば、大気汚染物質の排出をゼロにはできない。エネルギー生成方法と大気汚染物質の排出の関係を考えた場合、電気自動車が走行する国や地域のエネルギー供給事情によっても、大気汚染物質を排出する度合が変わってくる。日本の場合、火力発電が大半を占めており、再生可能エネルギーの導入が進んでいるドイツに比べて、電気自動車が使用する電気を発電する際に排出される大気汚染物質の割合は大きい。再生可能エネルギーによる発電が進んでいない国や地域では、ガソリンを高効率で燃焼させたほうが大気汚染物質の排出を抑制できる可能性がある（ガソリンの輸送に伴う大気汚染物質の排出を考慮すると、さらに効率性が求められるが）。

再生可能エネルギーが供給される地域、それらの供給比率が高い地域では、電気自動車は大気汚染物質を排出しないことに繋がるため、自動車メーカーは電気自動車の販売と利用を促進できれば、環境問題に貢献することになる。各国・各地域のエネルギー政策はそれぞれの政府や行政によって決められるが、その決定に対して影響力を行使することは可能である。Teslaのイーロン・マスクのように、ゼロエミッション社会の実現のために電気自動車を供給するというビジョンは、広く社会の賛同を得て支持されており、社会からの後押しが国や行政への影響力となってビジョン実現を後押しする。

企業は社会価値の創造を

経営学者P・F・ドラッカーは企業の存在意義として、『マネジメント［エッセンシャル版］』で「企業は社会の機関であり、その目的は社会にある。企業の目的の定義は1つしかない。それは、顧客を創造することである」と述べている。自動車メーカーが企業の社会的使命として環境問題に対して取り組んでいくことは、存在意義の追求だけでなく、競争力を強化するためにも重要である。つまり、大気汚染物質の排出を抑制する技術や、マネジメント能力を備えているということは社会にとっては必要不可欠であり、それを実現する実力が備わっている証明となるからである。

資本主義とグローバリゼーションは企業に過度な利益追求の考え方を生み出し、格差社会を生み出してしまったが、ハーバード大学教授のマイケル・E・ポーターは「企業本来の目的は、単なる利益ではなく、共通価値の創出であると再定義すべきである」[*1]と述べている。電気自動車を巡る企業の一連の動きの中で明暗を分けるのはこの考え方であろう。

例えば、パリ協定は大気汚染物質排出量削減に対する目標策定と対策努力を各国に義務付ける世界的な枠組みであるが、これは地球温暖化という環境問題の中でも大きな問題の1つとして社会全体に認識されている。この問題を解決したいと本気で考えている国や地域においては、自動車メーカーは電気自動車や電動化によって、このような社会問題を解決するための製品開発に注力することで、政策をも味方につけて社会から後押しを受けるだろう。

2016年、パリ協定[*2]が発効され、脱炭素社会に向けたスタートを切った。このような社会情勢をいち早くとらえて、社会にとっての価値創造を事業活動と連動させるための

*1「経済的価値と社会的価値を同時実現する共通価値の戦略」DIAMOND ハーバード・ビジネス・レビュー論文
*2 気候変動の脅威に対して世界全体での対応を強化することを目的として定めた協定。2016 年 11 月発効

取り組みが今後重要になる。そのために自社のポートフォリオを見直し、それに応じたプロジェクトを立ち上げて実行していく必要がある。社会問題の解決は人々の願いであり、大きな熱を生み出す。これは電気自動車を購買する消費者にとっても、社会的な意義を見出し購入に積極的になることが考えられ、脱炭素に向けた社会問題解決のために協力的になるだけでなく、政策面や投資面で後押しをすることになる。

さらには電気自動車を開発・生産する側にとっても、できるだけ無駄を排除して脱炭素に向けた社会問題解決に少しでも貢献しようとする。それに伴って、CO_2をできるだけ抑制するために、サプライチェーンの無駄が改善されていくことになり、生産性向上が見込めることになる。このように需要と供給の両方に対して事業上のメリットが働きやすくなり、企業にとってはブランド力向上や生産力強化が期待でき競争力強化に繋がる。社会のニーズや課題に取り組むことで社会価値を創造し、その結果として利益が生み出されるという考え方で電気自動車の開発と普及を進めることができれば、結果は見えてくると考えられる。

エネルギーのサプライチェーンを民間レベルで見直していく

一方、国力強化という観点で見た場合はどうか。再生可能エネルギーの比率を高め、持続可能な社会のあり方を追求していくことは社会にとって必要であり、パリ協定でも求められている。残念ながら日本では、歴史や政治的なしがらみにより現状は脱炭素社会をリードする立場には至らず、むしろ諸外国に高効率ではあるものの火力発電プラントを輸出して、再生可能エネルギーの発展を阻害している可能性すらあるため、世界から見た場合にリーダーシップを発揮できていない。これは社会全体を繋げて考えることができていない、縦割りの弊害と考えられる。

これからの時代に求められるマネジメントは、社会全体を繋げて考えて最適な解を導く考え方である。現在様々な取り組みが行われており、エネルギー政策についても議論がされてきた結果で現状があることは理解できるが、再生可能エネルギーを太陽光発電や風力発電、地熱発電によって地域で生成して、地域の電気自動車によって地産地消するようなモデルをより積極的に展開すれば、現状のエネルギー政策が抱える問題も改善されるのではないかと思う。

電気自動車が蓄電池の役割を果たし、ピーク電力の低減効果やベース電源の安定化に繋がり、大きな環境リスクを伴う原子力発電も減らせるのではないか。蓄電した電気を相互に融通するスマートシステムの構築など、住宅メーカーや商業施設、再生可能エネルギーに取り組む事業者とも協力して、エネルギーのサプライチェーンを民間レベルで見直して

社会価値を創造するビジョンと変革の繋がりのイメージ*

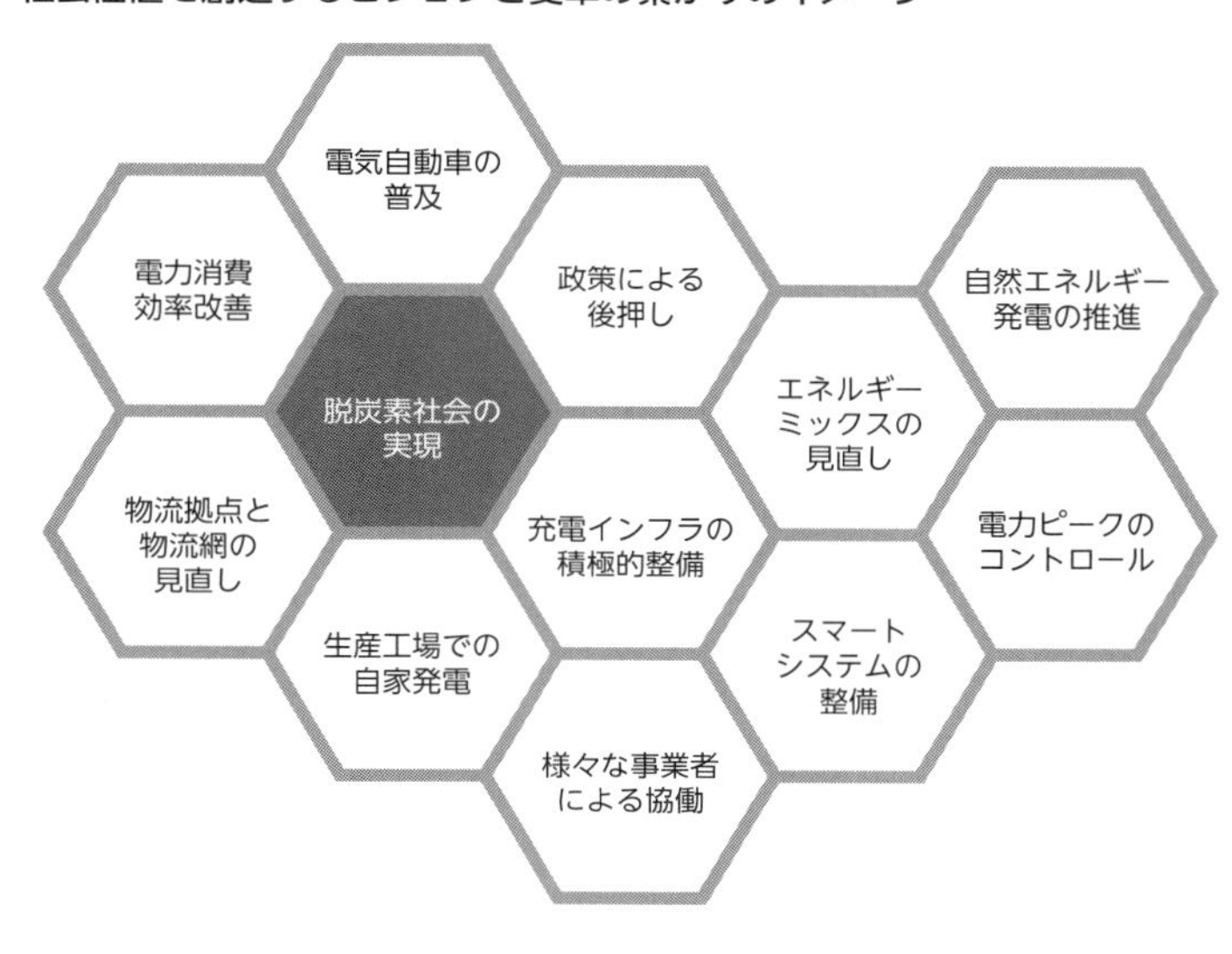

いくことで大きなうねりとなり、国や行政にも影響力を行使できるのではないか。

このように社会価値の実現に向けては、企業だけのバリューチェーンではなく、様々な事業者や行政との協力関係も欠かせない。社会を味方につけて国の政策にも影響力を行使し、社会変革を促進していくアプローチは、マネジメントの考え方の1つとして重要である。目指す姿に向けて社会価値を創造するビジョンが強ければ強いほど社会からの支持を獲得し、実現の後押しとなる考え方は社会のあり方を変えることに繋がる。自動車メーカーやサプライヤーとしての枠組みを超えて、社

* 筆者作成

会価値を創造するビジョンを持つことができるかどうか、同じビジョンを描き産業の垣根を越えて協働できるかどうかが今後の企業の競争力のカギとなる。マネジメントにおいても、そういった共通のベネフィットについてストラクチャを明示し、1つ1つどのように実現していくかをプランニングして実行していくことが重要となる。実行に際しては各社各様の利害関係もあることからバランスをとりながら推進していくことも重要である。

4.4 コネクティッドを実現するために必要となるマネジメントとは

4.4.1 コネクティッド開発プロジェクトの特徴

コネクティッドカーは、安全性や円滑性、利便性のために様々なサービスの基盤となる。通信する機能を持たない時代は、自動車は単なる機械でありモノであった。これらが通信機器を搭載しインターネットに繋がり、データセンターで位置情報や移動中の車のプローブ情報などを処理するようになることで、様々な意味を持つようになった。その結果、自動車が単なるモノではなくなり、サービスの一部の構成要素となって、様々な顧客体験をもたらすようになった。

このコネクティッドカーやコネクティッドサービスを生み出すためには、自動車メーカーはこれまでの自動車に必要とされてきた「走る・曲がる・止まる」以外の機能を開発しなければならなくなった。当初はＥＴＣなど高速道路の料金所における渋滞緩和の一環として、通行料金決済システムとして導入されたが、エンターテインメントの機能として、カーナビゲーションシステムの付加的な機能が自動車に搭載されるようになり、ＥＴＣのような用途を限定しない独自の通信機能を持つように変化していった。

通信機能は、自動車に緊急事態が発生した場合に緊急通報され、救急車が現地に手配されることに利用されたり、走行データが通信でセンターに送信されて、センターでデータベースに記録され、そのデータに基づいて走行距離や運転の安全性などを分析して保険にも活用される。また、自動車が盗難に遭った場合には、通報を受けて自動車に搭載されたＧＰＳの信号を受信して追跡することも行われる。

このような機能やサービスを実現するためには、車両側に通信端末を搭載し、カーナビゲーションシステムから操作できるようにすることや、センターでは車両から送られてくる通信を受信してデータを分析・活用して自動車側に返信することが求められる。これらの一連の機能を整理するとコネクティッドカーやコネクティッドサービスを開発・実現するために求められる要件としては、以下のものが挙げられる。

《コネクティッドカー／コネクティッドサービス開発に求められる要件》

①車両とセンター間で通信を行うための通信機器の車両への搭載

②センターでの通信データの送受信
③センターでのデータの収集・分析・リクエストに応じた処理
④リクエストに応じた処理結果に基づき、車両へのフィードバックもしくはサービス活用

4.4.2 コネクティッド実現上の課題

前述のコネクティッドカーやコネクティッドサービスの実現に求められる要件を満たすためには、まず、これまでの車両開発や組み込み開発と異なる開発、つまり車載通信端末とセンターとの情報連携やスマートフォン連携など通信を前提とした開発が必要となる。

次に重要なのが、インターネットやスマートフォンに繋がることで得られる、エンドユーザーにとっての新たな体験価値の実現である。自動車での移動中、ふとレストランに行きたくなり、到着時刻を予測してお店に連絡を取って予め席を確保する、といったオペレーターサービスは、自動車メーカーとして一歩踏み込んだサービスであるし、これまで顧客が感じたことがない自動車の付帯サービスであろう。

そういった付帯サービスまで含めて自動車メーカーが実現するとなると、これまでに保持していなかったバリューチェーンとその構成要素を構築しなければならなくなる。セン

ターでは依頼を受けたオペレーターが顧客へリアルタイムで応答する体制を整えたり、サービスメニューとそれに応じた業務プロセスを構築し、外部のサービサーとも連携する必要が生じる。

昨今のマーケティングの動向を踏まえると、様々なものがインターネットに繋がることは織り込み済みで、前述の新たなバリューチェーンの構築に加えて、さらに一歩踏み込んで顧客の購買や活動に関する記録をデータとして解析して、その結果から個々に最適なサービスをリコメンドする仕組みの構築が重要となりつつある。

単にインターネットに繋がってサービスを受けられるというだけでは、真の意味で顧客にとっての嬉しさに繋がらない可能性がある。個々人の嗜好性を踏まえて、最適化することが求められている。このことは自動車を通じて得られる体験価値に対しても当てはめて考えていく必要がある。

これらをまとめると、コネクティッドカーやコネクティッドサービスに求められる要件に対する課題は基本的なものとして下記の要素が挙げられる。

1　通信を前提にして車両とセンターを連携してサービス提供するための基盤の構築
2　インターネットに繋がることで得られる顧客体験価値の実現

コネクティッドカー／コネクティッドサービス実現における課題とKSF および必要とされるマネジメント*

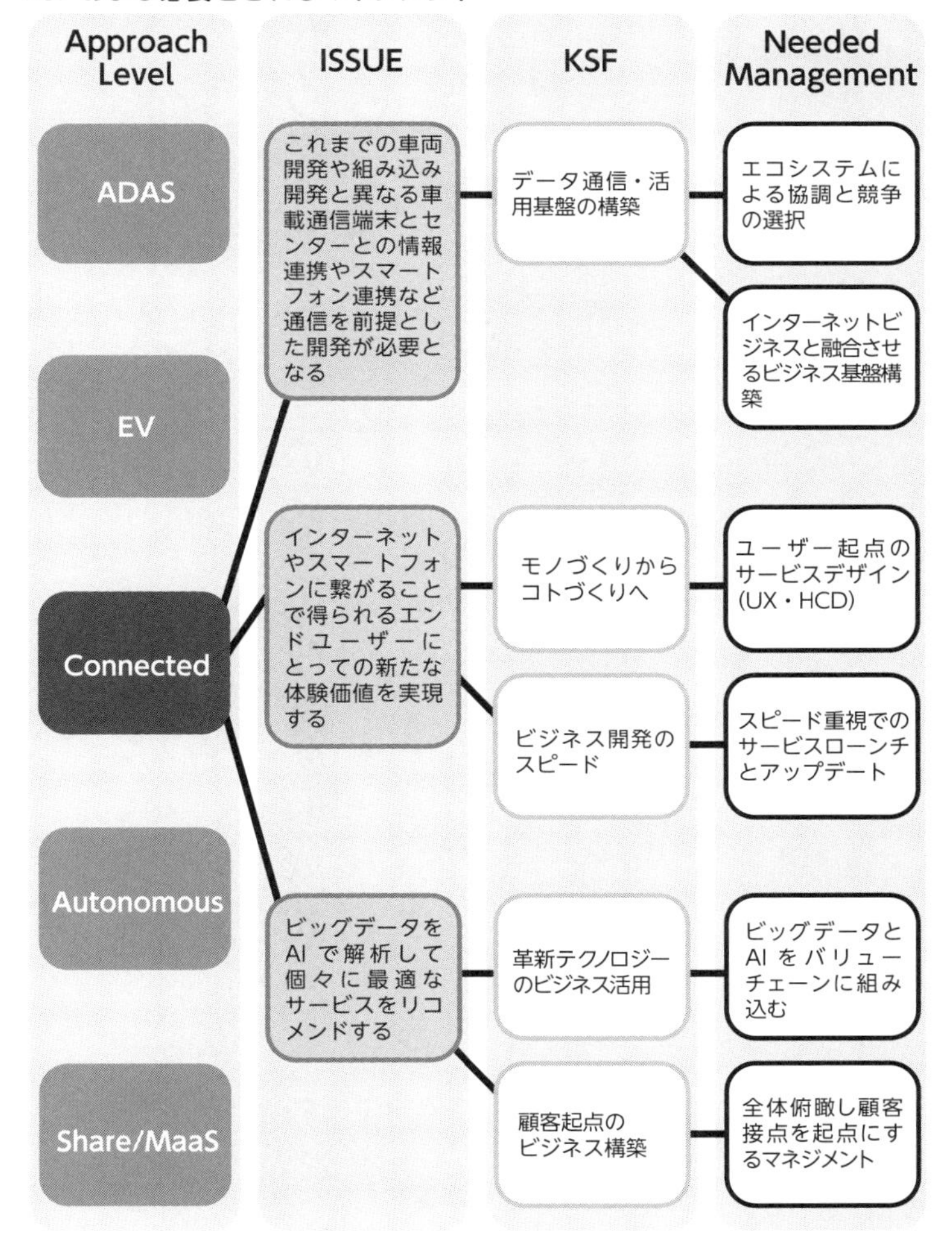

＊筆者作成

3　ビッグデータやAIなど最新のテクノロジーの活用

これまでと同様に、これらの3つの課題についてそれぞれ、課題を解決するためのKSFとそれを実現するためのマネジメントのあり方について重要なものを取り上げて整理していく。

4.4.3 コネクティッド実現上の課題に対する重要成功要因とマネジメントのあり方

4.4.3.1 車両とセンターとの通信に基づくサービス基盤の構築

欧州連合では、緊急通報システムを車両に搭載することが義務付けられる

まず、コネクティッドサービスを実現する上で、車両とセンターとの通信基盤は欠かせない。モバイルデータ通信ネットワークの普及によりスマートフォンと同様、車両にもデータ通信のための環境を整える必要がある。車両に搭載する通信環境は、各国・各地域の通信基盤にも影響を受けるため、グローバルで均一な環境を構築するのは難しい。各国・各地域の通信基盤状況に応じて、車両に搭載する通信環境を整える必要がある。また、近年

モバイルデータ通信ネットワークのデジタル化とオープン化により、急速にデータ通信環境が整備され、車両のデータ通信基盤としても容易に活用できる状況となった。車両にＳＩＭカードを搭載し、必要に応じて音声通話によりオペレーターと通話することや、インターネットを介してデータ通信によりサービスセンターにて車両情報を把握することができるようになる。

コネクティッドサービスの基盤構築のために必要となるマネジメントを考察する上で、緊急通報システムの基本的な仕組みについて注目したい。欧州連合では、２０１８年４月より販売される新車には、eCallという緊急通報システムを車両に搭載することが義務付けられることになっている[*1]。この仕組みは、緊急時には専用の緊急通報センターにダイアル接続され、音声通話もしくは、事故によってドライバーが応答できない場合でも、ＧＰＳによる位置情報がセンターへ送信され、救急サービスが現場へ駆けつけることが可能となる。eCallが欧州で提唱され始めたのは２０００年代前半の頃である。

日本でのテレマティクスサービスに顧客は満足していたか

一方、日本ではいくつかの自動車メーカーやサプライヤー、通信事業者が共同でＩＴＳとしてヘルプネット®[*2]という緊急通報のサービスを立ち上げて、２０００年代前半の同

*1 EU ホームページ
https://ec.europa.eu/digital-single-market/en/news/ecall-all-new-cars-april-2018
*2（株）日本緊急通報サービスの緊急通報のサービス

じ頃には実用化していた。当時、自動車メーカーはコネクティッドサービスと言わずテレマティクスサービスと呼び、車載の情報提供サービスの一部として提供されていた。このテレマティクスサービスを行う中で、車は通信機能の搭載が必要となった。2G回線が主流で3G回線が登場して間もない頃であったため、GPSの精度はそれほど高くはなかったと思われるが、近年はGPSの精度も上がりサービスレベルも向上している。

コネクティッドサービスはテレマティクスサービスの延長にあるため、今後のコネクティッドサービスの発展を考える上でも参考になる。機能面ではナビゲーションシステムとの連動や通信方式の変遷は重要なポイントである。テレマティクスサービスの初期段階では通信回線が2Gもしくは3Gという段階で、現在の4Gに比べて通信容量が少なく通信速度も遅く、電波のカバー範囲も完全ではなかった。そのため送受信する機能においてデータ量も限られ、遅延などしたため、想定した設計やイレギュラー時の対応なども検討が必要であった。また、検証・評価なども一定の環境ではなく様々な状況下で行わなければならず、一定の品質をクリアするために実地での評価と改善を繰り返し行う必要があった。安心を担保する信頼性の確保という取り組みは、車両のみならずコネクティッドサービスにおいても重要である。

ここで、コネクティッドカーやコネクティッドサービスの肝となる通信方式とサービス実現の関係性について、もう少し見ていきたい。今後のコネクティッドサービスでは、自動運転技術やモビリティサービスとの融合により、これまで以上にリアルタイム性やデータ容量の大きさなどでよりシビアな状況が求められるため、ますます低遅延、大容量な通信規格が必要となる。通信事業者は２０２０年頃の実用化に向けて、５Ｇ方式の開発や評価を進めているが、新しい通信方式へ切り替える際には、サービスの付加価値とコストと必要性を総合的に判断して、顧客にとって納得感のある説明が必要となる。

これまでのテレマティクスサービスは、一部の先進顧客のみが先取りしていたものの、すべての人がその利便性やもしもの場合の安心を享受できたとは言い難い。自動車メーカーはこれまで使うかどうかわからないがあったら便利なものを詰め込みすぎて、分厚いマニュアルを顧客に提供してしまっていた。本当に顧客が求めるものを理解して、魅力的な機能を厳選して提供していたかどうか再考しなければ、本当に価値あるサービスを識別して、顧客に訴求していくことが難しい。通信方式が5Gとなることで、サービス提供できる範囲と可能性が広がることになるのだが、機能が多ければ多いほうがいいというわけではない。日本の自動車メーカーは緊急通報サービスをいち早く実現していたにもかかわらず、数あるテレマティクスサービスの中に埋もれてしまって、顧客に訴求しきれていなかったように見える。eCallを義務付ける欧州のように、顧客にとって本当に価値ある安心・安全とは何かを突き詰めて、それを社会に働きかける取り組みには見倣うべきものがある。こういった機能面以外の法制度対応や、利用者への認知・浸透などの課題への対応は今後も重要となると考えられる。

Intelの戦略

前述したように2020年代前半に5G通信網が整備されると言われているが、5G環境を利用した実地での検証と評価は確実に必要になる。これには自動車メーカーだけの取り組みでは成立しない。通信事業者やプラットフォームを提供する事業者との協業が不可欠である。協業関係を構築する上で重要なのは、どれだけ同じ未来を見つめているかということにつきる。お互いの利害関係を緻密に計算していては事が前に進まない。

Intelでは5GI2（5G Innovators Initiative）という5Gの推進のための活動体をEricssonと立ち上げている[*1]。また、5GAA（5G Automotive Association）という5Gのコネクティッドサービス開発において、通信ソリューションの開発、実証試験、啓蒙活動や技術標準化の推進、グローバル市場における商用化の促進を行うとして共同で立ち上げている[*2]。産業構造の変化という点で2章でも少し触れたが、ここでは戦略面で考察していきたい。Intelは2017年5月には、5Gの実地用の検証環境を自社の敷地内に

*1 Intel プレスリリース
https://newsroom.intel.com/news-releases/intel-ericsson-launch-5g-innovators-initiative-honeywell-ge-university-california-berkeley/

構築して[*3]、自動車メーカー各社やサプライヤー、通信事業者、インフラ事業者などの共同検証環境としてオープンに提供している。これは来るべき5G社会の構築に向けて、オープンな開発・検証環境をパートナー企業や将来利用する可能性のある企業に開放し、来るべき自動運転社会におけるキープレイヤーとなることに繋げようとしていると考えられる。

ただし、これはすべての技術を開放するというわけではない。自動運転車の実現に向けて多数の強力なライバルが競い合っている状況の中、自社の強みを市場の中でどの領域で発揮していくのかしっかりとした戦略がないと徒労に終わるだろう。Intelの場合は、自動運転車が現在の自動車販売市場の中でも成長する領域であるため、その領域でエッジコンピューティング（車両側のデータ処理）、通信処理、センターでのビッグデータ処理のそれぞれのレイヤーでのコンピューティングパワーを提供することで市場を獲得するという戦略であろう。

Intelは「Intel® Go™ Automotive Software Development Kit」[*4]という開発キットを提供しているが、これはその戦略の実現のための戦術として非常に重要である。エッジと通信とビッグデータをまとめて一気通貫でコンピューター処理するための開発環境やプラットフォームを提供すれば、自社のコンピューターチップを前提にアプリケーションが開発

*2 Intel プレスリリース
https://newsroom.intel.com/news-releases/telecommunications-automotive-players-form-global-cross-industry-5g-automotive-association/
*3 Intel プレスリリース
https://newsroom.intel.com/news/intel-unveils-latest-autonomous-driving-lab-silicon-valley/

され、自ずとそれぞれのレイヤーにコンピューターチップが組み込まれることになる。とにかく、新しい未来の実現に向けて提供できるものはすべて提供するGIVE and GIVEのポリシーや、利他の心は経営上大切だと日本ではよく言われているが、そういったことに鑑み、競争戦略のキーポイントを見極めながら、社会全体の発展のためにできることをやるということが重要である。

エコシステムという考え方

エコシステムというキーワードは、なぜシリコンバレーに世界の企業家が集まり、優れたスタートアップビジネスが生み出されるのかということについて説明する際によく用いられる。充実した大学教育機関が点在し、優れたアイデアを生み出せる学生が集まり、その卒業生が学生時代に考えたアイデアで起業し、投資家が優れたアイデアに投資をし、事業を加速させるためのアクセラレーションを適用することで、スタートアップの成長が加速し、ＩＰＯもしくはＭ＆ＡによってＥＸＩＴする。ＥＸＩＴで獲得した資金をもとに、さらに新たなスタートアップを立ち上げて、次のビジネスにチャレンジしていく。このサイクルが多数実現され組み合わさることで、シリコンバレーにおけるスタートアップを中心としたこのサイクルを実現するための構成要素は、生態系として相互に影響をおよぼし

*4 Intel ホームページ
https://software.intel.com/en-us/go-automotive-sdk

ながら発展に繋がっていく。

これがシリコンバレーにおけるエコシステムの正体であるが、この考え方は将来の自社の競争戦略を考える上で重要である。特に、変化のスピードが速い業界においては、自社ですべてのことを実現しようとすると、変化のスピードに追いつけないことも考えられる。昨今のエコシステムは様々なプレイヤーが共通の価値創造のために相互連携しながら強みをマッシュアップするだけではなく、市場をつくるために先取りするスピードの視点が際立っている。

２０１７年8月、Intel、Ericsson、デンソー、トヨタ自動車、トヨタＩＴ開発センター、ＮＴＴ、ＮＴＴドコモは、ＡＥＣＣ（Automotive Edge Computing Consortium）の創設に向けた活動を開始すると発表した[*1]。このコンソーシアムでは、インテリジェントな車両制御、リアルタイムデータを用いた地図生成、クラウド・コンピューティングによる運転支援など、今後コネクティッドカーの実現に向け必要となる様々なサービスを支える基盤づくりを推進するとしている。これはエッジ側の開発を促進するためのオープンな取り組みである。

コンソーシアム方式は基本的には非営利組織であり、新技術の普及を目的とし、新技術を取り巻く方式を標準化するために、業界の主要プレイヤーが参画することが多い。自動

*1 AECC ホームページ
https://aecc.org/industry-leaders-to-form-consortium-for-network-and-computing-infrastructure-of-automotive-big-data/

車業界においては、５Gやダイナミックマップ、AIなど様々な新技術が、自動運転やコネクティッドサービスの実現に向けて開発が進んでいる。しかし、これらを単独ですべて実現することは困難であり、強みを持った技術をお互いに組み合わせて標準化し、プラットフォームとして提供することで、開発スピードや信頼性の確保が促進され、マーケットも共同で開拓することが可能となる。

こうしたプラットフォームを構築することにうまみを感じる企業はチップメーカーや通信事業者、クラウド提供事業者などであり、自動車メーカーはこのプラットフォームを活用した魅力あるサービスを実現しなければ、競合に勝つための差別化にはならない。ただ、自動車メーカーは早い段階でこの標準化の取り組みに参画して、推進役を買って出ることで様々な最新の開発情報が入手でき、競合の自動車メーカーに先んじてサービス開発を進めていくことが可能となる。このように、エコシステムを単なるアライアンスの構築という視点だけでなく、スピードの視点を加えて、より早く共通のビジョンを実現するためにお互いの得意な領域で技術を出し合って基盤をつくる方策ととらえて、戦略に取り込んでいくことは重要である。このようなエコシステムによる業界横断の動きは協調による基盤・標準づくりとその上に構築するべき新たなモビリティサービスの領域を明確に分けることに繋がり、結果的にはそれを前提にしたモビリティサービスの開発を促進することになる（モビリティサービスについては後述する）。

また、エコシステムによってお互いの強みを出し合って、新しい社会インフラを構築するような先進的な取り組みの場合、体制づくり以外にも開発の進め方で工夫が必要になる。コネクティッドカーの前提となる5Gは、5GAAによって通信ソリューションの開発、実証試験、啓蒙活動や技術標準化の推進、グローバル市場における商用化の促進を行っているのであるが、さらに世界的なテレコム業界の標準推進団体であるEATA（The European Automotive Telecom Alliance）と連携して、コネクティッドカーや自動運転の分野に加え、通信の周波数の標準化や、ユースケースの優先順位付けと実現課題解決に向けた協力を促進することを目指している[*2]。

この取り組みでは、個々の技術開発やソリューション開発のプロジェクトマネジメントではなく、サービスおよび技術のロードマップ、安全性、セキュリティ・ニーズ、規制およびビジネスの課題を包括的に整理・特定し、対処することに力点を置いて、特定したユースケースに優先順位をつけて短期的、中長期的に対処するものを識別するポートフォリオマネジメントを実践している。欧州はこのような戦略的な取り組みに長けている印象があるが、まさにそれを表す取り組みである。これらは、欧州がEUという連合組織基盤から成り立った社会であることも関係しているが、国境を越えて、自動車産業と情報通信産業

*2 共同通信社プレスリリース
https://kyodonewsprwire.jp/release/201703039530

が社会的な課題である安心・安全な交通システムの確立に向けて、他業種でコラボレーションして取り組むことが新たな社会価値の創造においては重要であることを示している。

クラウドサービス環境・ビッグデータ処理環境の構築

コネクティッドカーのサービス基盤を構築する上で、通信インフラを整備すると共に重要な視点として、ビッグデータを適切に処理して、サービスに役立てる環境を整備することも忘れてはならない。自動車が通信環境を通してインターネットに接続されるようになると、自動車の動態や各種センサーからの個々の車両の状態、移動する人々が利用するサービスに関連する情報などが収集でき、クラウド上で分析した後に、移動する人々や車両そのものにデータを返信し、各種サービスによって移動する人々の快適性や効率性を高めることができる。このクラウド上での情報収集・分析・返答の仕組みを構築することがコネクティッドサービスにおいては特に重要となる。

このために活用できる環境として近年、クラウドサービスプロバイダのAmazon AWS™、Microsoft AZURE™、Google Cloud Platform™など選択肢が増えた。これらは自動車メーカーがコネクティッドサービスを提供するインフラを構築する際に、自前環境としてオンプレミス型で構築するよりも様々なメリットが享受できる。コネクティッドカーの普及に応じて、通信するトランザクションの数は膨大な数となることも想定しつつ、通信環境は国や地域ごとに異なるため、それぞれ自前環境を構築することは非現実的である。通信事業者と連携して全世界で通信に関するプラットフォームを統一することができれば、運用的にもコスト的にも効率的になる。

このビッグデータをクラウドで処理するための環境に自動車メーカーが取り組むことには理由がある。それは、今後の自動車メーカーは自動車の開発・製造・販売・アフターサービスによるバリューチェーンによって収益を生み出すビジネスモデルから、モビリティサービスによって収益を生み出すビジネスモデルへの転換が成長のカギになるためである。モビリティサービスを提供する際に、このコネクティッドカーから送受信され、ビッグデータとして分析されるデータがサービスの質を決めることになるため、サービス提供の要となり、戦略的要素が大きい。

ビジネス基盤としてのプラットフォーム

例えば、トヨタ自動車が提供しているモビリティサービス・プラットフォームは、サービス事業者や自動運転開発会社に車両状態管理や動態管理などの情報についてＡＰＩ（Application Programming Interface）を通じて提供するサービスプラットフォームであるが、車両に搭載されたＤＣＭ（Data Communication Module）から情報収集し、グローバル通信プラットフォームを介して、ＴＢＤＣ（Toyota Big Data Center）に蓄積される[*1]。このビッグデータを利用して、走行データや運転挙動データなどをもとに、保険料に反映させる次世代のテレマティクス保険を損害保険会社と共同で開発している[*2]。

これは一例だが、商用車の管理をこのプラットフォームを利用して行うことも可能となり、モビリティサービスに関するあらゆるデータが活用されるようになる。これによりサービスのマーケティングに活用して、よりよいサービスへのブラッシュアップなども行われるようになる。マネジメント上、重要なのはこれらのクラウドサービスやプラットフォームを通じて、サービス提供するためのバリューチェーンを構築しなければならないということである。新たなビジネスを構築するとなれば、事業性や法規への適合なども考慮しつつ、市場を創造していくための視点が重要となる。プラットフォームをビジネスとして成功させるためには、ソフトウェアとしての品質特性を考慮するのはもちろんのことではあるが、その前にまず利用者にとってのニーズ、パートナー企業にとってのニーズをしっかりと把握して、それに応じた関係性をWin-Winにしていくためのビジネスモデルのデザインが重要になる。

例えば、自動車保険はこれまで事故やトラブルが起きたときの窓口対応力やロードサー

*1 トヨタプレスリリース
https://newsroom.toyota.co.jp/jp/detail/14096246
*2 トヨタプレスリリース
https://newsroom.toyota.co.jp/jp/detail/19575777

ビスなど、事後の安心を保証することが商品価値であったが、コネクティッドサービスとしての保険として、保険の概念を変えるインパクトがあり、運転挙動データなどをもとに保険料に反映させる次世代の保険は、ドライバーに安全運転を促し、社会の安全意識を高め、事故を予め減らす効果に繋がる。これは予防安全と呼ばれているが、このような新たな価値は自動車メーカーにとっても安全・安心な交通社会の構築に繋がるためビジネスインパクトも大きく、実現するべきサービスの中でも優先順位が高くなる。それと共にパートナー企業である保険会社にとっても、事故による損害補償を低減させる効果が期待でき、そのリスク低減分を利用者に還元することも可能となる。自動車メーカー、損害保険会社、利用者のメリットおよび、事故によって起きる人的・物的被害を未然に防げることによる社会の安心度の増加は大きい。コネクティッドカーやコネクティッドサービスは、最終的にはこのような社会的なインパクトをもたらすこともビジネスを成功させる要因の1つである。

次世代を担っていく人材の育成を

今までになかった全く新しいビジネスをつくるためにはビジネスモデルだけでなく、それを実現する仕組みとしてシステムはもちろん、組織構築やプロセスとオペレーションを整備することも重要である。そのようなときに、自動車業界はこれまでインターネットビジネスとはあまり縁がなかったがゆえの難問が突きつけられる。それは人材育成である。

これまではナビゲーションシステムの延長で、センターとの接続によりテレマティクスサービスを実現してきたが、車両の開発の中では、本流とされてこなかった。自動車開発の本流はエンジンであり、シャーシであり、魅力ある車両デザインであり、動く工業製品としての魅力を追求する部分であった。ただ、現在の様々なテクノロジーが自動車産業を飲み込もうとしている状況を踏まえると、顧客に対する価値提供の構図を見たときに、もはやコネクティッドサービスは自動車産業の屋台骨である。戦略上、コネクティッドサービスの優先順位を上位にして対応を図らなければ社会の趨勢に逆行する。

人材を育成する際に重要となるのが、開発者を育てるという視点だけでなく、開発者がそれを望むかという視点も重要となる。開発者が本気で取り組みたいと思う理由を見つけることが、マネジメント上特に重要である。そのときに自動車産業の本流ではない開発には気が進まないという状況もありうるのだが、万が一そうなった場合は、その開発者のパフォーマンスは100%の力を発揮することは難しい。やはり、何か魅力を感じる部分や最先端に取り組めるといった環境づくりは、人材を育てる上で刺激となり成長のドライバーとなる。

コネクティッドサービスの開発が、次世代の自動車産業の中心の1つ（もちろん魅力ある工業製品としての開発も変わらず中枢である）に加わることを念頭に、次世代を担っていく人材を配置することは重要である。自動車産業が取り組むべき領域がインターネットビジネスにまで急速に広がっていることを考えると、自前での育成だけでは対処しようがないケースもあり、積極的に生産性を上げるための改革を行い、浮いたキャパシティーを注力するべき戦略領域にシフトするということも必要になる。あるいは、外部から人材を獲得するということや、当該領域に強みを持つ企業との協業にも積極的に取り組む必要がある。この際に留意したいこととしては、全く新しい領域であるがゆえに、外部に頼りきりになってしまって、インターネットビジネスの事業特性に目が行き届かなくなる恐れがあるため、これまで取り組みがなかったとしても新しい領域を自社の強みに変えるために、トライアンドエラーを繰り返しつつノウハウを蓄積して組織としての対応力を向上させていく必要がある。

スマートフォン接続には機能的な制約が生じる

プラットフォームを考える上で、現在主流となっているスマートフォンの通信やアプリケーションとの連携については、コネクティッドサービスで考慮するべきポイントの1つである。完全自動運転車が実現されるまではドライバーによる運転が必要であり、ドライバーがスマートフォンを所有している前提においては、車両のインフォテインメントシステムとスマートフォンを接続して、モバイルインターネット通信を行うことで車両がコネクティッドカーとなる。これにより車両とスマートフォンそれぞれに通信ＳＩＭを保持することによるコストを、スマートフォンの通信ＳＩＭだけに抑えることができる。

また、普段使い慣れているスマートフォンのアプリケーションをそのまま利用することもできるため、利用者が操作に迷いにくく、操作性がよいことで安全運転にマイナスにならないという効果もある。そのため、Apple Car Play™ や Google Android Auto™ をオープンに接続できるようなＳＤＬ（Smart Device Link）機能は標準プラットフォームとして様々な自動車メーカー、サプライヤーにとって都度インターフェースを考慮する必要がなくなり、開発生産性や品質を高め、ユーザーにとっての利便性を高め、選択肢を広げるために重要である。

ただし、ドライバーが車両にスマートフォンを接続するという運用が１００％実現できないというところに問題が生じる可能性がある。例えば、前述した緊急通報のサービスは通信環境が確立されていないと機能しないため、スマートフォンを車両に接続し忘れていたケースや、あえて接続していなかったケースなどではその機能は使用できない。また、コネクティッドサービスのテレマティクス保険についても同様で、スマートフォンを接続していないケースでは成立しない。こうした機能的な制約が生じる可能性があるものの、車両とスマートフォンそれぞれに通信機能を保持することによるコストが、利用者には負担となるデメリットがある。今後は5Gなど高速・大容量・低遅延なデータ通信が前提のコネクティッドサービスも開発されることから、一律に考えることができない。コスト増と利便性のバランスを考慮してサービスを決める必要がある。

4.4.3.2 インターネットに繋がることで得られる顧客体験価値の実現

モビリティとしての顧客体験価値を大事にする

コネクティッドサービスは単にインターネットに繋ぐということだけでは、魅力ある製品やサービスを生み出すことが難しい。顧客にサービスを提供するためのビジネスシステムを構築する必要がある。つまり、ビジネスとしてサービスをデザインすることから考えなければならない。また、単にインターネットの機能を呼び出すという発想も危険である。1つ1つのサービスは相互に繋がって連動することで効果を発揮し、顧客にとってのメリットに繋がりやすくなる。サービスの連動性を考える上で顧客にとっての体験価値が何かという視点が最終的に重要となる。

特に自動車は移動体サービスであり、顧客体験価値には時間や距離が関係する。魅力あるモビリティサービスを生み出すためには、特に移動にまつわる最後の1マイルや10分がユーザーにとってとても重要な意味を持つ。例えば従来のタクシーとUberの比較においてどちらが魅力的なサービスかというと、様々な面においてUberのほうがユーザーにとっての魅力度が高い。

そのようなサービスを生み出すためには、ユーザーにとっての不満を課題ととらえて、それを解決に導くアプローチが必要になる。今やすべてのモノやサービスがインターネットに繋がり、ビッグデータで個々のトランザクションが分析できる時代であり、そのような新たな時代進化に伴い、個々のユーザーの不満を吸い上げて、これまで解決できなかった不満を解決することが重要になる。

第4次産業革命による価値観の変化

著名な経営学者ドラッカーの『ネクスト・ソサエティ』でも、Ｅコマースの到来は予測されていたが、今もなお、ビジネスを取り巻く世界は変化し続けている。ＩＴによる情報革命が第3次産業革命であり、現在起きている変化は第4次産業革命と言われている。つまりビッグデータとＡＩによる超自動化の時代である。ムーアの法則として、コンピューターチップに搭載されるトランジスタの微細化・集積技術の進展により例えば18か月から2年という一定の時間でコンピューターの処理能力が倍になるという経験的法則があるが、その概念を超越したコンピューティングパワーの劇的な進化が近年ＧＰＵの領域で起きている。今まさに起きようとしている第４次産業革命の前提となる。

これまで処理できなかった画像や空間についての認識と判断を、コンピューターが人間と同じかそれ以上の精度で行えるようになり、人間では処理しきれないデータ量を瞬時に処理して答えを導き出すといった領域でブレイクスルーが起きている。

すでにＩｏＴやロボットを活用して、１人１人の状況に応じた個別化サービスや新しいビジネスが生まれているが、これらがさらに発展して超自動化・自律型のサービスやビジネスが生み出されることになる。自動車産業で起きている変化は正に第４次産業革命の象徴的な革新である。すなわち、自動車が通信網と繋がり、走行に関する情報がデータセンターおよび搭載されたＡＩによって処理され、自律的かつ最適な運転を行う完全自動運転車が実現されようとしている。

このような自動運転の実現は、人間が自由に移動する手段を与えてくれるだけでなく、時間や空間などの自由さを与えてくれることになる。運転しなくても自動車が自律的に安全に運んでくれるため、人間はその移動時間を別の「こと」に費やすことができる。本を読んだり、仕事をしたり、会話を楽しんだり、映画を見たり、道中の時間の使い方がより人間的・生産的な活動に変わる。一足飛びに自動運転社会が到来するわけではないが、自動車が人間的・生産的な活動をする場として再定義されることで生み出されるサービスやビジネスは今後の自動車関連産業のビジネスモデルに変化を促すことになるだろう。

トヨタ自動車やDaimlerの提案

世界各地で開催される展示会やモーターショーなどのイベントでは、各自動車メーカーやサービス事業者から未来の自動車の姿や利用方法など様々な提案がなされており、これらを考察することで自動車を取り巻く顧客体験価値のとらえ方に注目していきたい。

例えばトヨタ自動車が2017 International CESで発表した「TOYOTA Concept-愛i」TMは〝more than a machine, a partner　learn, grow, love 人を理解し、共に成長するパートナー〟というコンセプトを打ち出している*。この中には愛車（Beloved Car）という概念があり、新たな人々や景色との出会いを提供してくれて感動を与えてくれるパートナーであり、愛すべき存在であると位置付けられている。そしてそれを実現するために、人から車への一方的な関係ではなく、人と車が双方向で関係を持ち車が人にインパクトを与えら

* トヨタホームページ
http://www.toyota.co.jp/jpn/tech/smart_mobility_society/concept-i/

れるような関係にシフトし、ＡＩで人々の体験を広げ、より幸せに過ごせるようにすると宣言している。

他の例として、Daimlerでは２０１５年のＣＥＳにて「F015 Luxury In Motion」というリサーチカーを発表していた。これは、完全自動運転車が実現された未来のモビリティのあり方として興味深い。Daimlerはこの新たなリサーチカーとあわせて、「City of the Future 2030+」というビジョンで、モビリティの機能を超えて社会全体に付加価値をもたらすことを示した。その中で、車は単なる輸送手段としての役割を超えて、移動する住空間になるとしている。移動中は完全自動運転機能に運転を引き渡すため、人々は運転から解放されリラックスしたり、楽しい時間を過ごせるようになる。加えて都市部では、完全自動運転機能によって郊外の駐車場まで自動駐車されることで、路上駐車が減り、より生活しやすい環境に変化する。スペースそのものが生活の質の向上に使われるようになり、人々の暮らしまでもが豊かになる。このようなビジョンがすでに２０１５年には描かれていたことは注目に値する。なお、Daimlerは２０１３年8月には、世界で初めて自動運転により約１００㎞の長距離走行を公道にて実証していたが、レーダーやカメラと演算処理装置により、都市間および市街地での走行はもはや技術的には実現可能であり、近い将来そういった時代が来ることを明確にイメージしていた。

個人の価値観に訴えかけるマーケティング

これらのコンセプトカーやリサーチカー、それらが示すビジョンはモビリティの未来を図る上で示唆に富む。ＡＩや自動運転の技術が、最終的には人々の生活の質を向上させるということは最も大きなポイントである。今後の自動車の提供価値を考えるときに、社会との関わりの中で考えなければならないということである。

これまではマーケティングの手法ではOne To Oneマーケティングやダイレクトマーケティングという手法もあり、多様化する個人のニーズをマスという面でとらえるのではなく、個という存在をピンポイントで的確にとらえて、提案するということが主流であった。しかし、自動車産業においては新たなテクノロジーの波による大変革が起きている状況を踏まえると、価値提供の方法を社会価値の提供という視点で見直さなければならない局面にある。テクノロジーだけに着目していても、社会全体に受け入れられる真の価値は生み出されない恐れがある。

１９００年代後半頃からメーカーは大量生産時代からOne To Oneの少量多品種生産の時代へ変化していったが、昨今の動向ではさらに社会価値の提供の視点が欠かせなくなりつつある。ＥＶで有名なTeslaのビジョンは、「４．３．３」で述べたが、そのような視点でユーザーが将来に向けた社会価値の変化に賛同し、後押ししたくなる体験が重要になる。その車に乗ることで未来社会を共に創るという個人の価値観を、ＳＮＳなどを通して発信することで承認欲求や自己実現欲求を満たすことに繋がる。この個人の価値観に訴えかけるマーケティングは、今後の顧客の動向を考える上で重要になる。

UX Design / Human Centered Design アプローチを取り入れる

マーケティングの動向を踏まえて、製品やサービスに反映するビジネスアプローチとして、近年ではUX Design や Human Centered Design というデザインアプローチが注目されている。UX Design とはユーザーがうれしいと感じる体験となるように製品やサービスを企画の段階から理想のユーザー体験を目標にしてデザインしていく取り組みとその方法論のことである[*1]。

また、Human Centered Design とは、システムの使用に焦点を当て、ヒューマンファクター／人間工学と使いやすさの知識と技術を適用することにより、インタラクティブシステムをより使いやすくすることを目指すシステム設計と開発へのアプローチのことである[*2]。なぜ、デザインが重要になってきたのかについて考察したい。

前述の通り、モビリティにおける顧客の価値感は変化している。自動車メーカーは、こ

*1『UX デザインの教科書』安藤昌也　丸善出版

れを踏まえて新たな価値を創造しなければ、顧客の関心や注目を惹きつけ、購買意欲を高めて製品を購入するところまで顧客と関係を築き、マーケットでの成長を勝ち取ることが難しい。

自動車メーカーは、これまで世界経済の発展と共に成長してきた。顧客の購買要因も安全性、使い勝手、走りの良さ、質感、価格、先進装備など様々な項目があり、国や地域の動向に応じた販売戦略で、いかに顧客ニーズに応えていくかという視点でマーケットをとらえる傾向があった。UX Design や Human Centered Design は従来の販売戦略やマーケットのとらえ方に一石を投じる考え方である。

フィリップ・コトラー教授の『コトラーのマーケティング３・０』によれば、経済が発展し社会にモノが溢れる市場では、人々は安全欲求や社会的欲求を満たす以上に、承認欲求や自己実現欲求を満たすような消費行動を行う。人間的価値観を中心に据えた考え方がマーケティング上重要であるとのことであるが『コトラーのマーケティング４・０』では、デジタル社会においてマーケットはより横の繋がりを重視する社会的なビジネス環境へシフトしていると指摘している。

自動車産業においても、まさに同様のことが当てはまると考えられる。すなわち、社会との関わりの中で、自動車というものに人間的価値を見出そうとしているのではないかと

*2 ISO 9241-210:2010 Ergonomics of human-system interaction -- Part 210: Human-centred design for interactive systems
https://www.iso.org/standard/52075.html

いうことである。現在進行形ということで、あくまでも仮説の枠を超えられないが、例えばトヨタ自動車のプリウスがハリウッドスターやセレブリティの間でもてはやされた後に、完全EVのTeslaが流行したときに、地球環境にやさしいという人間的な価値観が重要視され、自動車を単なる乗物から人間的価値観を示す象徴として位置付けるようになった。FacebookやTwitterなどでそういった流行がシェアされるようになり、人々はより社会的な繋がりの中で自動車という製品をとらえるようになった。

もう1つの例としてはUberやLyftに代表されるライドシェアである。自動車を所有するということは、維持するための駐車場、メンテナンス、保険などの面で様々な不便をもたらし、そのような不便なものを所有することはスマートではないという考え方がある。自動車を必要なときに手軽に使ってこそ無駄がなく、スマートであるというライフスタイルのカッコ良さがあり、そういった生活をしていることがスマートであるという価値観を示している。自動車業界が、そういった人間的価値観を訴求できるような製品やサービスを、社会との繋がりの中で包括的なビジネスとして創造していくことが重要になっている。

SNSなど個人の価値観を社会と共有するデジタル社会におけるマーケティングの考え方を踏まえると、新たな人間的価値観を訴求できるようなビジネスを創造することが、次世代の勝者になる可能性が高い。そのような動向の中で、新たなビジネス創造の手段としてUX DesignやHuman Centered Designは特に重要なアプローチである。これらは、顧客が製品やサービスを利用する際に感じる事柄や経験をあぶり出し、本質的な価値を解釈できるようにすることで、新たな製品やサービスを生み出せるようになる。

Uberの革新的サービスの優れている点

例えば、Uberの例は優れたUX Designの例として認識しておくべきである。Uberの優れているところは、利用者から利用後に即座にSNSのようにフィードバックを受け取る点である。運転手の運転品質については、利用者が利用後にスマートフォンのアプリもしくは即時発行される領収書メールから1~5の星の数でドライバーを評価する。そのときにいくつかの選択肢から、送迎やドライバーに対する個別のフィードバックを送信することも可能なように設計されている。これによって、顧客がサービス利用中に感じた運転手やサービス全体に対する感想や不満、要望などを瞬時に把握することができ、その中からサービス品質の革新に繋げるということが可能となる。そこで得られた顧客の体験から、顧客が本質的に何を求めているかを分析して、様々な顧客サービスに繋げている。

新たにリリースされたサービスの中には、ピックアップする場所を少し移動するだけで目的地までの到達時間を大きく改善できる場合に、スマートフォンのアプリ上でワンブロック先の移動先のピックアップ場所を明示する機能が提供されるようになっていることや、交通量の多いいくつかの地域では、路線バスのようにピックアップ場所・降車場所を予め定めておき、ライドシェアするUberHOP*と呼ばれるサービスも提供されている。

Uberの革新的なサービスはライドシェアというビジネスモデルが、シェアリングエコノミーである点に注目が集まるが、本当の意味での競争優位の源泉は、常に最新の顧客体験を取り入れて、新たな体験価値を生み出す仕組みを持っていることである。さらにこの仕組みは、自動車を利用する顧客がインターネットを通じて手軽に情報交換できるようになったことが大きな影響を与えている。顧客とのサービス利用の接点でこれまで見落としていた顧客の機微が、インターネットとスマートフォンによって認識できるようになった。これを新たなサービスやバリューチェーンに組み込んでいくことが求められている。

顧客体験の本質を見極める工夫を常に考える

ではそれを実現していくためには、どのような点に気をつければよいだろうか。UX Designのアプローチを理解することはもちろん重要であるが、その上でチーム全体がアイデアを出しやすくするチームの雰囲気づくりや、個々のアイデアを尊重するようなファ

* https://www.uber.com/en-PH/blog/manila/uberhop-manila/

シリテーションが重要になる。また、本当の顧客体験を理解するためには、試作したアイデアを直接、顧客に見せることで得られる肌感覚が重要である。チームがそのような軌道からそれないようにリードしていくことも求められる。時には実際に顧客になり代わって、当事者としてアイデアを評価することも重要である。

近年では、「モノづくり」から「コトづくり」が重要だと言われている。国ごとに事情は異なるとは思うが、経済が一定の水準以上発展している地域では、豊かな生活をするために、ひと通りの生活必需品や快適に過ごすための製品やサービスが購入されるのであるが、生活水準が一定の水準まで到達するとモノがあふれる時代となり、同じような特徴の商品やサービスでは顧客には響かないということになる。

そのような社会においては、承認欲求や自己実現欲求などの人間的価値観、さらには横の繋がりが重要となるということは前述した通りであるが、「コトづくり」の上ではそれらの視点が特に重要となる。UX Design や Human Centered Design に取り組むことで、「コトづくり」の顧客体験価値創造に繋がりやすくなる。自動車産業におけるコネクティッドサービスについても、もはや自動車産業の中にとどまらず、社会との関わりの中でサービスを考えていかなければならない時代であるということを再認識しておきたい。これらの手法を効果的に取り入れて、製品やサービスに革新を起こしていくことが必要であり、顧客体験の本質を見極めるための工夫を常に考えて、チームをマネジメントすることが求められる。

ビジネスアジリティの必要性

インターネットに繋がるということは、自動車産業以外からのプレイヤーの参入を促すことになると、第2章の自動車業界の構造変化で述べた。そのため自動車メーカーや部品メーカーは、インターネット産業のプレイヤーと競争することになる。これまで自動車の製品ライフサイクル（製品には4つのステージがあり、導入期、成長期、成熟期、衰退期と進み、最後は寿命を迎えるという考え方）はマイナーチェンジで2年、フルモデルチェンジで4年が通常のサイクルであった。もちろん、モデルチェンジ後も市場ではしばらく売れるのであるが、市場での主役は後退していく。

近年では、マツダやSUBARUなど一部の自動車メーカーは、毎年改良を加えていく取り組みも行われるようになったが、常にベストな自動車やモビリティサービスを提供することは、インターネット時代に求められるビジネススピードとして考慮しておかなければならない。特にコンピューターによって制御される割合が年々高まっており、ＥＣＵ（Electronic Control Unit）が自動車に多数搭載されている。

ＥＣＵでは、マイコンが各種センサーからの入力をデジタル変換して演算処理を行い、最適な制御方法を導き出し、駆動装置へ指示を出す。１台の自動車に占める電子部品の製造コスト比率は、ガソリン車で約30％、ハイブリッド車で約50％、電気自動車では約70％を占めると言われているが、ソフトウェアによってハードウェアを制御することが主流となっており、さらにインターネットと繋がることや、カメラやレーダーやセンサーとＡＩによる自動運転が搭載されるようになると、ますますソフトウェアの比率が高まる。

インターネットビジネスの世界では、これまでの自動車の製品ライフサイクルのスパンで新しいサービスをリリースしていては競争に勝てない。Google や Tesla や Uber などインターネットと繋がることを前提としたサービスを持つサービス事業者たちは、猛スピードでサービスをバージョンアップしてソフトウェアを都度書き換えることで、サービスを即時アップデートしている。Google は自動運転の実現を目指し、日夜公道やシミュレーション環境で走行テストを行い、自動運転アルゴリズムを随時更新している。Tesla もＯＴＡ（Over The Air）と呼ぶ技術を使って無線でソフトウェアを書き換える。Tesla が２０１７年夏に、ハリケーンから避難するクルマのバッテリー制御ソフトウェアを無線でアップグレードして、一時的に航続距離を延長して避難を後押ししたことは、このＯＴＡの象徴的出来事であり、ビジネススピードの速さを物語っている。

これにとどまらず、インターネットと繋がることでソフトウェアを都度更新できるようになり、新たなサービスを素早く開発して投入することが可能となる。自動車メーカーやサプライヤーは競争環境に変化が起きていることを敏感に感じ取り、自らのバリューチェーンを再構築しなければならない状況にある。この俊敏さ、つまりビジネスアジリティが今後のビジネスの肝となる。このことに気がついている自動車メーカーは今、光の速さで仕事を行っている。もちろん、国や地域ごとの法規制に対応している前提で、安全性やセキュリティが損なわれないことは重要であるが、これについては後述する。

アジャイルソフトウェア開発に取り組む

ビジネスアジリティを追求することが必要であることは述べた。業務スピードを上げると品質が低下すると思われがちであるが、実は背反ではなく、業務スピードを上げてさらに品質も向上させることが可能となる取り組み方がある。これまでのソフトウェア産業では、トヨタ生産方式のように洗練されていなかった。特にウォーターフォール方式の開発アプローチでは、工程別にしっかりと成果物を作成して次工程へ引き渡して開発を進めていくのだが、前工程での積み残しや潜在的な品質上の問題が後工程で大きな問題となり、それを手直ししようとすると他に影響が出て、大きな手戻りが発生するということが頻発して、全体の品質と生産性に悪影響をおよぼしていた。

このような非効率な問題を解決するために考え出されたのが、アジャイルソフトウェア開発である。その考え方は「アジャイルマニフェスト*」にまとめられている。トヨタ生産方式のよいところを取り入れたリーン生産方式がアメリカ発で世に広まっていき、ソフトウェア産業やスタートアップの手法にまで取り入れられるようになった歴史がある。２０１７年のあるグローバルでの調査によれば、産業によらずアジャイルによるソフトウェア開発に取り組んでいる企業は7割を超えるというデータもある。

従来のウォーターフォールアプローチでは、工程ごとに大量のドキュメントでアウトプットを管理して進めていくことで、最終工程までに時間がかかる。また、ユーザーが確認する最終工程で要求との相違や、要求そのものの見落としなどが起きた場合に、最終プロダクトやサービスに与える影響が大きく、十分に留意して合意形成を図らなければ、本当にユーザーが望むものになりにくく、かつ時間がかかる進め方となる。また、昨今のビジネス環境の急速な変化は、ユーザーが望むプロダクトやサービスの要件を風化させ、すぐに時代遅れとなってしまうため、開発ライフサイクルの長いプロダクトやサービスでは特に注意が必要になる。

* アジャイルマニフェストホームページ
http://agilemanifesto.org/

スクラムを開発アプローチに取り入れる場合

それでは、自動車産業がサービス開発のスピードを高めて、インターネットビジネスのプレイヤーと戦っていくには何に気をつければよいだろうか。前述の通り、グローバルでは産業によらずアジャイルによるソフトウェア開発に取り組んでいる企業がほとんどであり、背景にはＩｏＴ／ＩｏＥやＡＩなどの技術革新により、産業の垣根を越えて競合が出現するようになったことがあると考えられる。自動車産業においても同様である。気をつけるというよりも、ビジネスアジリティを備えていることがもはや競争で勝つための大前提であり、マストと考えなければならない。アジャイルソフトウェア開発は、ビジネスアジリティを追求するための１つの手段であるが、ここではまずアジャイルによるソフトウェア開発に、どのように取り組むべきかについて考察したい。

アジャイルソフトウェア開発には様々な技法が存在する。プロジェクトの特徴を踏まえて、それぞれに適したアプローチを選択した上で取り入れることが重要である。アジャイルソフトウェア開発の中には、スクラム[*1]やエクストリーム・プログラミング[*2]といった様々なアプローチがあるが、ここでは例えばスクラムを適用する場合について取り上げたい。

*1 スクラムは Ken Schwaber と Jeff Sutherland によって 1995 年に発表されたアジャイルソフトウェア開発技法の１つ。可能な限り高い価値の製品を生産的かつ創造的に提供するためのフレームワーク。スクラムチームと関連するロール、イベント、成果物、およびルールで構成される。
https://www.scrumguides.org/scrum-guide.html

*2 エクストリーム・プログラミングは Kent Beck によって考案されたアジャイルソフトウェア開発技法の１つ。ソフトウェアを共同で開発しているチームの能力を高めるための実践方法。
『XP エクストリーム・プログラミング入門　変化を受け入れる』ケント・ベック著　ピアソンエデュケーション

スクラムをプロジェクトの開発アプローチとして取り入れるためには、十分に知見を持ち合わせたメンバーを配置してプロジェクトを立ち上げることが重要になる。スクラムの詳細な説明は割愛するが、従来のウォーターフォールモデルによる開発アプローチと比較して、異なる部分が大きいため、まず指針を示すことが重要である。特に過去のプロジェクトで成功体験を持っている経験豊富な人材ほど、新しい取り組みに対する抵抗が強くなることは仕方がないことであるのだが、これらの人材を味方につけることが重要である。そのためにはプロジェクトを立ち上げるときにしっかりと、なぜ新しいやり方に変える必要があるのかを説明し、共感・理解・コミットメントを獲得しなければならない。

自動車産業においては特に、プロダクトライフサイクルが数年にわたるスパンで開発すればよいということを前提だと思い込んでいて、それを前提とした考え方や行動様式が組織のカルチャーとして根を張っていることが特徴的である。そのため、スクラムのようなアジャイルソフトウェア開発というアプローチを取り入れようとしたときに、短いサイクルで重要なテーマから要件定義、設計、開発、検証、評価までひと通り実施して、振り返りをしてまた次に進めるといったイテレーションのやり方や、毎日スタンドアップミーティングでやるべきことを明確にして、バーンダウンチャートのような形で達成度をすぐに見えるようにシェアしながらチーム一体になって進めていくやり方など、最初は全くなじまない。ましてや、目標を達成するために自発的にどんどん仕事をこなしていくなど理解ができないはずである。

スクラムを開発アプローチに取り入れる場合のマネジメント機能は、一言で言えば、自律型組織のマネジメントである。ウォーターフォール方式に慣れているプロマネは、WBS（Work Breakdown Structure）を明確にして全体スケジュールを明示して進めようとするのであるが、スクラムではそれをチームの自律性に任せる必要がある。イテレーションの中で達成するべき目標さえも自律的に考えさせるのである。こうすることで、自ら考えて顧客の声を起点にして何が重要かを判断できるようにさせる。簡単に言えば権限移譲であるが、このような自律性を追求するためのチームビルディングは非常に難しい。

これまで中央集権的かつマイクロマネジメントを行うようなチームマネジメントしか経験したことがないマネジャーも多いはずであるが、そういったチームの自律性を生み出すために、アジャイルマニフェストの考え方に沿ってマネジメントやコミュニケーションを工夫して、チームワークを形成するように働きかけることがアジャイルソフトウェア開発には求められている。その結果として得られる成果としては、生産性の高いチームワークであり、顧客の声を尊重しオープンで闊達なコミュニケーションの上にでき上がったプロダクトやサービスということになる。

ゲートマネジメントからアジャイルマネジメントへ

アジャイルの考え方は、ソフトウェア開発にだけ取り入れればよいというわけではない。自動車産業だけでなく、ＩｏＴ／ＩｏＥによって各産業がインターネットビジネスの世界で戦わなければならなくなったことで、自動車メーカーやサプライヤーにとって、もはやビジネスという面において参入障壁はなくなり、インターネットビジネスの潮流の中で、戦わなければならない。近年ではそういったビジネススピードを高めるために、ソフトウェア開発のみならず、ビジネスディベロップメントにおいてもアジャイルマネジメントに取り組んでいくべきである。

ソフトウェア開発と大きく異なるのはアウトプットがプロダクトではなく、ビジネスそのものということである。例えば事業戦略にのっとって、新サービスを生み出したいと考えている事業責任者がいるとする。大企業など高度に機能組織で細分化された縦割りの仕事のやり方では、例えば企画やマーケティング部門が入念な市場調査を行って新たな企画を構想し、企画書にまとめ、経営としての意思決定を行うだろう。意思決定の基準としては事業性を評価し、リスクに鑑みて最終的に組織として企画構想の次のフェーズへ進めるかどうかを決める。そして、フェーズが前に進むにつれプロダクトやサービスの設計が決まり、そこでもまた、フェーズの評価が行われて企画構想した通りに設計できているかが評価される。設計が決まれば開発へと進み、検証と評価へ進み、最終的には企画通りかどうか判定されてリリースを迎える。いわゆるゲートマネジメントとして、しっかりとフェーズごとに達成基準を決めてリスクに対処しながらマネジメントしていくことが、大多数の企業で行われてきた。これはこれで、市場のニーズとの適合性を見極めて、玉石混交のプロジェクトから真の玉を見出し、企画構想をマクロでとらえて、本当の競争力強化に繋がるプロジェクトへと進めることに役立つ。

しかし近年では、競争環境が変化し、よりスピードと革新性が求められるようになったことで、これまでのゲートマネジメント方法では適応できなくなりつつある。ビジネスにおけるアジャイルマネジメントに取り組む際には、このゲートマネジメント方法から見直さなければ、歪みが大きくなることは明白である。

企画構想をプロジェクト立ち上げの最初の1回だけで終えるのでは、時代の進化のスピードに取り残されることになる。従来型のゲートマネジメントをしっかりと進めていくにつれて、一度決めたことを変更すると、設計の変更や業務運用を見直さなければならなくなるなど様々な影響が発生し、手戻りが発生して当初計画通りのスケジュールや費用や品質の達成目標を満たせなくなる。後戻りは悪として扱われる。そうならないようにするためにゲートマネジメントを行っているはずであり、この組織のルールを壊すには相当なエネルギーが必要になる。

とはいえ、一度決めた企画構想は時間がたつにつれて陳腐化してしまう。その陳腐化に気がついているにもかかわらずプロジェクトを止めることは難しい。プロジェクトには大きな慣性が働くからである。ルールにのっとって進み出したら、ブレーキを踏もうとしても急には止まれないことが多い。物理の法則がプロジェクトや大規模な組織にも当てはまるのである。

これからのビジネスアジリティが求められる時代においては、プロジェクトマネジメントのあり方も組織として再定義しておく必要がある。つまり、従来のようなゲートマネジメントを行う必要がある事業と、新たな枠組みで仕事を進めていくアジャイルでの事業のマネジメントのあり方を定義し、いずれのアプローチで意思決定していくべきかを見極めた上で進めていくことが必要である。

必ずアジャイルでの事業のマネジメントを追求する必要があるというわけではない。もちろん、従来のゲートマネジメントがふさわしい類の事業もあるだろう。ただ、これからのＩｏＴ／ＩｏＥやＡＩの時代では、従来の競争原理以上に競争スピードが速まることは明白であり、そのような競争に適応するためには取るべきアプローチも柔軟に選択できるようにしておく必要がある。

組織にこの柔軟性がなく、盲目的に従来通り仕事をしていればいいという考え方は危険である。特に大量生産のマスマーケットや、ある程度のターゲットを決めたマーケティングの時代では、従来型ゲートマネジメント方式でもある程度適応できるだろうが、顧客データからそれぞれの嗜好に合わせた最適な製品やサービスを提案していくことにおいては、できるだけ鮮度の高いデータに基づいて、かつ適切に顧客が求めていることを感じ取ることが大事だ。

顧客の声を起点に

本当の体験価値を提供できるかが問われ始めている時代において、一度きりの企画構想ではなく、顧客の声を聞いて、一緒になって顧客の体験価値を実現できるようなプロダクトやサービスをプロトタイピングで試作し、フィールドで実証実験を行い、実体験の中で得られた顧客の声を再び課題設定して、プロダクトやサービスに反映することが求められている。これらをある程度繰り返して、初めて真の顧客体験価値を理解した競争力のあるプロダクトやサービスを生み出すことができるのである。このように顧客の声を起点にして、設計・開発・評価のサイクルを繰り返して、最初はラフな状態から徐々に仕上げていくアプローチは、アジャイルソフトウェア開発のマネジメントの考え方から多くの点で応用することが可能である。

チームメンバーのそれぞれの役割や、自律的な組織運営の考え方や、顧客の声を起点にプロダクトやサービスを考えていく点、全体を見える化してチームの生産性を高めていく点、イテレーションのサイクルを決めて繰り返し、振り返りながら次の目標と計画を決めて進めていくなどである。

このように顧客の声を起点にして、一気通貫でビジネスを考えていくためにはチームにビジネス機能を持たせる必要があり、大きな権限移譲が必要になる。本当にビジネスアジリティを追求しようとするのであれば、そういった権限移譲をしながら適切にビジネスインパクトを見極めて、企業としての大きな人的・資金的・物理的な投資を後押しすることが必要となる。

従来型の意思決定プロセスしか持ち合わせていない企業では、例えば最先端な国や地域へ駐在員を送り込み、そこでイノベーションの動向を調査してヘッドクォーターに持ち帰ったとしても、事業に活かすことは難しい。新しい競争環境に適したビジネスアジリティと、そのための意思決定の仕組みを持ち合わせている企業ではすぐさまチームを立ち上げて、まだ答えがはっきりしないテーマに対しても権限移譲して、フィジビリティスタディを前提にチームが自律的に進めていく動きを取ることができる。

アジャイルマネジメントやリーンスタートアップなど、ビジネスアジリティの追求については、もともとはトヨタ生産方式で考え出された顧客を起点にした考え方である。生産方式ではなく、ビジネスシステム全体にこれらを応用していった欧米の対応力は目を見張るものがあるが、日本企業にとっても、一度理解すれば取り入れることは難しいものではない。なぜなら原点は日本的な考え方だからである。試行錯誤しながらすり合わせていくことは、日本企業の得意とするところである。それをモノづくりだけでなくコトづくり、ビジネスシステムにまで広げるということが結局は競争力の源泉になるのである。

別の生態系と協業する

ビジネスアジリティを実現する方法として、アジャイルマネジメントを取り上げたが、もう1つ、重要な視点がある。それは、新しいテクノロジーが勃興している中で、自前主義だけでは新たな価値を創造することが難しいということである。ＩｏＴ／ＩｏＥやビッグデータ、ＡＩの時代とはモノがインターネットに繋がり、顧客の様々なデータを分析して個々に最適化する時代である。そのような時代では、自動車産業が持ち合わせていないテクノロジーが大きなポイントとなる。

それらの新たなテクノロジーや強みを持つ新興企業や大学や研究機関など、これまで自動車産業とは別に歩んできた生態系と協業することで、自社の競争力を進化させることも重要である。つまり「3.4」でも述べた通り、オープンイノベーションが重要となるのだが、そのような別の生態系と協業する際にも、ビジネスアジリティの考え方は重要になる。答えのない中でビジネスをデザインして試行錯誤しながらワンチームとなって進めていきやすいためだ。

変わらなければ生き残れない

新時代の自動車産業を切り開くためには、ビジネスアジリティを追求するためのマネジメントを適用していかなければならないことは述べた。マネジメントに求められる役割としては、そのような場面においても真の価値を追求するために新たなアプローチを取り入れて、組織がアジリティを備えるために様々な工夫をすることであり、そのような変革のための組織的PMOを設置することは成功要因の1つとなる。

組織的PMOでは、組織のアジリティを形成するために必要な意思決定プロセス、組織に求められる役割、事業目標達成のための様々な活動の立ち上げ、実行、モニタリングなどの一連のライフサイクルにわたる推進や支援など様々な機能を持つ。

重要なことは変わらなければ生き残れないときに、トップマネジメントの号令だけでは組織は変わらないということである。ミドルマネジメントや現場とも一体となって目指す姿を描き、共有してベクトルを同じ方向に向けて、前に進んでいくことである。組織的PMOはそれを強力に後押しする重要な役割を果たす。こういったマネジメント環境を整えていくことが、コネクティッドサービスから社会全体のためのモビリティサービスへと発展させていくための基盤となる。

4.4.3.3 ビッグデータやAIなど最新のテクノロジーの活用

データの活用を顧客体験価値の創造に活かす

現代はテクノロジーの進化によって、インターネットに繋がることで新たなサービスや顧客体験価値というものが変化しつつある。ライドシェアなどシェアリングエコノミーを実現できるのも、スマートフォンを個人が所有することがもはや当たり前になったことが大きな理由の1つである。また、スマートフォンを通してクラウドサービスを利用することで得られるビッグデータから、人々の様々な行動を分析して傾向を明らかにすることができるようになり、人々の情報交換が限りなく低いコストで瞬時に行われるようになる。

このようなテクノロジーの進化が、これまであきらめていた社会問題や生活上の問題に対して解決するきっかけになる。

それでは、インターネットやIoT／IoEが発達した社会で、テクノロジーがカギとなるということはどういうことなのか、もう少し考察したい。製品やサービスの大部分がインターネットという仮想空間を介して、あるいは現実世界と連動して価値交換されることは、もはや時代の動向であり、そうなることで生産的になることは疑う余地はない。これからの時代には、テクノロジーによってデータを使いこなすことが求められる。顧客中心のマーケティング然り、人間的価値観を重視するマーケティング然りである。

インターネットの黎明期から成長期においても、もちろん顧客の購買動向は重視されてきた。マーケットの中で何が売り上げを伸ばし、その要因は何か、傾向から分析するといったデータの活用は当たり前に行われていた。近年ではそれがさらに発達し、顧客1人1人の購買履歴を分析して、その人に合った好みを自動的に分析し、同じような特徴を持つ製品をリコメンドして購入を促すような広告や商品を、顧客ごとに自動的にカスタマイズして表示する小売りサイトもある。しかもそれらはAIの技術を取り入れて、過去の履歴データとリアルタイムのアクションを照合しながら分析して最適化する。

自動車産業は小売り業界とは少々異なるが、顧客の特性を過去の履歴データから分析して、次のアクションをリコメンドするというデータ活用のモデルそのものを、自動車メーカーの顧客体験価値の創造に活かせるはずである。自動車メーカーはこれまで車という物理的なモノを所有し、運転することから得られる体験価値が中心となってマーケティングされてきた。これからの時代ではさらにクラウド上のモビリティに関するデータが解析されて、個々に最適化されたリコメンデーションが行われるようになることが想像できる。このような新たな時代のサービスのあり方をモビリティサービスにおいても十分に意識する必要がある。

つまり、それを実現するマネジメントにおいても、顧客体験価値の勘所は、ビッグデータとAIによって解析する・検証する・リコメンドすることをサービスに組み込むことを開発の進め方の中に考慮する必要がある。もはやマスをセグメンテーションし、ペルソナを設定して、データサイエンティストが分析し、仮説と検証を繰り返すというやり方と、ビッグデータとAIによってデータ解析を進めサービスに自動反映するなどのアプローチも並行して検討しなければならない時代なのである。

顧客情報の充実と顧客理解の促進で新たなサービスの開発

これまでは自動車に関連するサービスにおいて、顧客が望んでいることは販売店に集まっていた。顧客と自動車メーカーの接点が販売店であったからだ。自動車を購入する際には販売店に出かけていき、そこで購入を検討している自動車に関する情報を営業から入手し、実際に試乗して見積もりを入手する。そのときに、売れ筋や最近の動向について、営業とのコミュニケーションの中で理解を深めて比較検討し、購入車種を決定する。このような購買プロセスにおいても、データ活用することで新たな顧客ニーズが見えてくることがある。

例えば、過去の購入時の履歴情報や、インターネットの自動車購入検討サイトで熱心に閲覧したときの情報、加えて最新の来店時に営業と会話したときの興味のポイントなどである。これらはすべて顧客の購買に関するアクションデータやコミュニケーションデータである。サービス提供者との間で行われる一連の顧客の行動を時系列に整理し、カスタマージャーニーとして情報を統合して、今後のマーケティングや製品・サービスに活かしていくことは重要である。これらは、コネクティッドカーが導入される以前からも取り組みが行われていることではあるが、自動車がインターネットに繋がることで、より顧客接点で行われる情報が集まりやすくなったため、これを活かすことでより顧客理解に繋がり、競争力の高い製品やサービス開発を行えるようになってきた。

販売店での顧客接点に加えて、コネクティッドカーによってデータセンターにも利用サービスに関するデータが発生するため、これを分析することでサービスの利用に関するフィードバックが得られる。例えばナビゲーションシステムがインターネットと繋がることで、それぞれの機能の利用頻度に関してデータが集まり、本当に顧客が利用している機能が何かを理解することができる。日本企業にとっては、機能を充実化させることが付加価値であると錯覚していたことに気づくきっかけになる。製品やサービスをブラッシュアップしていく際にも費用対効果や優先順位を考える上でもこれはとても重要な情報となる。

また、従来サービスの見直し以外に、新サービスの可能性を検討する上でも重要である。例えば、これまでバリューチェーンの中でデータが集まりにくかったアフターサービスやメンテナンスについての領域である。従来のやり方でも、顧客情報として取りまとめられて、サービス向上に活かす取り組みは行われてきた。販売店やアフターサービスの際に顧客から集めたアンケート情報である。これはこれで利用価値は高いのであるが、コネクティッドカーやコネクティッドサービスにおいては、自動車部品の劣化具合や耐久性などに関わる情報をセンサーで自動的に読み取り、データセンターに通信することで、顧客や販売店さえも気がつかないメンテナンスに関わる情報を集めることができ、顧客に予防メンテナンスを促すことができるようになる。もちろん、顧客がこのようなサービスを受けるためには自動車に関する情報を自動的に通信することを許諾する必要はあるが、このようにバリューチェーン上でのデータの取得タイミングが広がることで、顧客情報が充実し、顧客理解が促進されて新たなサービスの開発に活かせるようになる。

最新のテクノロジーを組み合わせて、バリューチェーンをリファインしていく

このようにデータの取得範囲や取得タイミングが広がると、もはや顧客サービスの担当者が顧客1人1人のニーズに合わせてサービス提供することは量的質的に困難になる。そこで活用するべきなのはコンピューターの力である。大量のデータを定めたロジックに基づいてアラームを上げたり、それらをトリガーにメンテナンスや販売に関する通知を発行したりといった連携ができるようになる。さらには、そこを一律に大量処理するのではなく、個々の嗜好を読み解き提案するといったことまで行うために、最新のテクノロジーを組み合わせてバリューチェーンをリファインしていくことが重要である。

最新テクノロジーにはもちろんＡＩも含まれるが、ＡＩに限らず、例えば脳波を読み解き、個人の好みを判定して適切な車種やオプションを提案するといったことなども検討されている。２０１７年の東京モーターショーで実際に体験したことであるが、バーチャルリアリティのシステムを装着して、バーチャルショールームに案内されて、そこで映画館

さながらのショートムービーを鑑賞した結果、「あなたに最適な車はこれです」という提案を受けた。コネクティッドサービスの付加価値の源泉は、もはや自動車が通信装置を搭載するということだけでなく、自動車メーカーと顧客がインターネットを通じてあらゆるバリューチェーンのタイミングで接点を持つということにほかならない。それは、自動車に乗車しているときもそうであるが、乗車前と乗車後にも接点がある。そのことに気がついている自動車メーカーやサプライヤーはいち早くそういったサービスを打ち出すことが可能となる。

全体を繋げて考えることで付加価値が生まれる

これらのサービスを実現する上で重要なマネジメントの考え方としては、バリューチェーン全体を戦略的にリファインする動きが重要である。これからの自動運転の時代には、自動車がこれまでよりも売れなくなり、もはや自動車を開発・製造・販売するだけでは生き残ることが難しくなると言われているが、自動車メーカーやサプライヤーがサービス企業に変化する上で重要な視点が、顧客データの活用によるバリューチェーンの継続的リファインである。

Google や Tesla や Uber がなぜ既存の自動車メーカーにとって脅威なのかと言えば、

インターネットビジネスにおいて長けており、データを使ってサービスに活かすことに強みがあるからである。カスタマージャーニーにおける顧客との接点を保持していることは自動車メーカーの強みである。これを持続的発展の切り札として進化させていくことがサービス企業には欠かせない。

Apple Car Play™ や Google Android Auto™ が自動車のナビゲーションシステムと連携されることで自動車における顧客との接点を Apple や Google に奪われるという説明は第3章でも述べた。これはビッグデータとＡＩの新たなテクノロジーを使うことで、顧客接点のデータが重要な意味を持つようになるということである。

確かにスマートフォン上のナビゲーションアプリが顧客の移動データや移動にまつわるアプリケーションデータをすべて扱うようになると、自動車メーカーには何も残らないというリスクもあるが、自動車メーカーにとってはプラットフォームを持つという発想で対抗することや、インフラ全体で新しい付加価値を提案するもう一段高い視点が重要になる。

個別に扱うよりも繋げることや、全体俯瞰することで付加価値が生まれることも多い。自動車メーカーがこれらの企業と伍していく際に求められる発想としては特に重要になる。そしてデータを繋げて全体俯瞰することで、新たなモビリティサービスへと発展できるだろう（モビリティサービスについての考察は後述する）。

4.5 自動運転を実現するために必要となるマネジメントとは

4.5.1 自動運転の実現に向けたプロジェクトの特徴

自動運転レベルの定義と関連用語

自動運転を取り巻く動向について、第1章の通り、自動車メーカーやＩＴ業界の名だたる企業、スタートアップ等を巻き込んで活発な開発競争が行われている。自動運転にはドライバーと運転を制御するシステムのそれぞれの関与の割合から様々な定義が存在するが、ここでは一般的なＳＡＥ（Society of Automotive Engineers）International のＪ３０１６（２０１６年９月）の定義をもとに作成された「官民ＩＴＳ構想・ロードマップ２０１７」の自動運転レベルの定義と関連用語を参照する。

自動運転レベルの定義（J3016）の概要

レベル	概要	安全運転に係る監視、対応主体
運転者が全てあるいは一部の運転タスクを実施		
SAE レベル 0 運転自動化なし	●運転者が全ての運転タスクを実施	運転者
SAE レベル 1 運転支援	●システムが前後・左右のいずれかの車両制御に係る運転タスクのサブタスクを実施	運転者
SAE レベル 2 部分運転自動化	●システムが前後・左右の両方の車両制御に係る運転タスクのサブタスクの実施	運転者
自動運転システムが全ての運転タスクを実施		
SAE レベル 3 条件付運転自動化	●システムが全ての運転タスクを実施（限定領域内） ●作動継続が困難な場合の運転者は、システムの介入要求等に対して、適切に応答することが期待される	システム（作動継続が困難な場合は運転者）
SAE レベル 4 高度運転自動化	●システムが全ての運転タスクを実施（限定領域内） ●作動継続が困難な場合、利用者が応答することは期待されない	システム
SAE レベル 5 完全運転自動化	●システムが全ての運転タスクを実施（限定領域内ではない） ●作動継続が困難な場合、利用者が応答することは期待されない	システム

J3016 における関連用語の定義

語句	定義
運転タスク （DDT：Dynamic Driving Task）	●道路交通において、車両を操縦するために必要な全てのリアルタイムの運転の又は戦術的な機能であり、行程のスケジューリング、行先や経路の選択などの戦略的機能を除く。 ●具体的には、左右方向の動き（ハンドル）、前後方向の動き（加速、減速）、運転環境の監視、機動プラニング、被視認性の強化（ライトなど）などを含むが、限られない。
監視・対応 （OEDR：Object and Event Detection and Response）	●運転タスク（DDT）のサブタスクであり、運転環境の監視（対象物・事象の検知、認知、分類と、必要となる反応への用意）とそれらの対象物・事象に対する適切な反応の実行を含む。
限定領域 （ODD：Operational Design Domain）	当該運転自動化システムが機能すべく設計されている特有の条件。運転モードを含むが、これに限らない。注 1：ODD には、地理、道路、環境、交通状況、速度や一時的な限界を含む。注 2：ODD には、1 つあるいは複数の運転モードを含む（高速道路、低速交通など）。

十分な経験データをどのように積み上げるか

通常、自動運転という言葉が示す範囲は非常に広く、最も直感的にイメージされる内容は、ドライバーが運転タスクを行わず、限定領域の制限なく、車に乗りさえすればあとはどのような状況においても安全に目的地まで自動的に運んでくれる、ということをイメージされることが多いと思うが、実際にはこれらが示す通りいくつかの定義が存在する。この定義のそれぞれのレベルに応じて、技術的にも社会的にも実現しなければならない要素と実現の難易度が異なる。

レベル3以上からは安全運転にかかる監視、対応主体はシステムになる。ただし、レベル3はシステムが継続困難な場合は、ドライバーに制御を渡す必要がある。このことが自動運転の段階的発展を難しくしている側面がある。つまり、システムがドライバーに制御を渡すための要求を明示して、円滑に制御を受け渡さなければならないため、技術的なハードルが一段上がる。人間の状態を監視し、常に制御を受け渡せる状態かどうかも認識・判断・制御しなければならなくなる。このように様々なケースを想定した実走と検証を行い実用化することが求められる。

自動運転は、前述したＡＤＡＳの進化によって、アクセル・ブレーキ・ハンドルなどの物理的操作と、駐車場、高速道路、空港や駅の周辺の市街地、過疎地域などの状況認識力の範囲と精度の高まりによって同時に処理できる要素が2つ、3つと段階的に広がることで、自動運転できる範囲が広がるといった考え方が伝統的な自動車メーカーの考え方であった。

それが様々な認識技術とディープラーニング技術などのテクノロジーを駆使して、一気に様々なケースに対応する方法を考え出して市場に参入したのがGoogle（現在はAlphabet傘下のWaymo）であった。ディープラーニング技術を使って自動運転を実現するアプローチで重要となる要素は、経験データをいかに積み重ねて判断の精度を高めるかである。

通常、自動車メーカーが新たな自動車を市場に出荷する前段階で、様々な条件のもと実地走行試験を行い、最終的な出荷品質が達成できているかどうかを見極める期間がある。この中で走行する距離は数万km～数十万kmである。一部の高信頼性が求められる車でもその数倍である。ところが、自動運転システムをディープラーニング技術で実現しようとする際には、同じ程度の実地走行試験の走行距離だけでは十分な経験値と安全性を担保することが難しい。十分な経験データをどのように積み上げるかといった要素は、実現上重要な要件となる。

4.5.2 自動運転実現上の課題

前述の自動運転の実現に求められる要件を満たすためには、様々な問題に取り組まなければならない。特に大きな問題について3点取り上げる。まず、自動運転を実現するための様々なテクノロジーを駆使した実用化である。とりわけディープラーニングと呼ぶ画像認識の技術を使って、カメラからとらえた映像を解析して、コンピューター上で実世界の物体を認識することが必要である。これらの処理を行うために、一度に大量のデータを並列処理できるコンピューティングパワーも必要になる。装置やソフトウェアだけでなく、人間と同じかそれ以上の判断能力も必要になるため、どのようなケースであればどう判断するべきかという経験データも膨大に必要になる。そして、判断した結果を正しく伝えるためのフィードバックの仕組みが必要である。人間が運転する精度と同じ精度の認識・判断・行動では事故は減少しない。事故が起きる確率が、人間が運転するときよりも圧倒的に減るということが実証されなければ、実際に使い物にならない。そういったことをすべて解決しなければ実現できないのである。

次に重要となるのが、社会の受容度である。これまで1世紀にわたり人間が運転することが当たり前であった自動車であるが、システムが自動車を運転するという概念が社会にもたらされようとしている。これまでになかった概念であるため、人々が不安になることは当然である。特にシステムというものに対して、特性や動作の仕組みなど理解しない状態で信用できるものなのかどうか、人間が運転したほうが信用できるのではないかと思うのは自然である。この人々の不安を取り除き、多くの人々が賛同して社会に受け入れられることが自動運転社会の実現には不可欠である。

もう1つ忘れてはいけない点として、これまでの社会の成り立ちの大前提である法制度の見直しである。ジュネーブ条約では、ドライバーが自動車を適切に運転することを前提として定めた国際条約であり、各国の道路や交通ルール、保安基準などはこれらを批准した上に成り立っている。

さらに、日本では製造物責任法によって、製品の欠陥により被害が生じたときは、製造業者に損害賠償を求めることができると定めているが、自動運転システムを備えた自動車を製造する自動車メーカーやサプライヤーは、製品の欠陥をどのように認めて責任を負うのかということについても基準を定めなければ、実際の責任を問うことができないだろう。自動運転システムによって走行していた際に、交通事故が起きた場合の損害賠償責任の切り分け、ドライバーなのか自動運転システムの問題なのかをどのように切り分けるかにも影響するだろう。

自動運転実現における課題と KSF および必要とされるマネジメント*

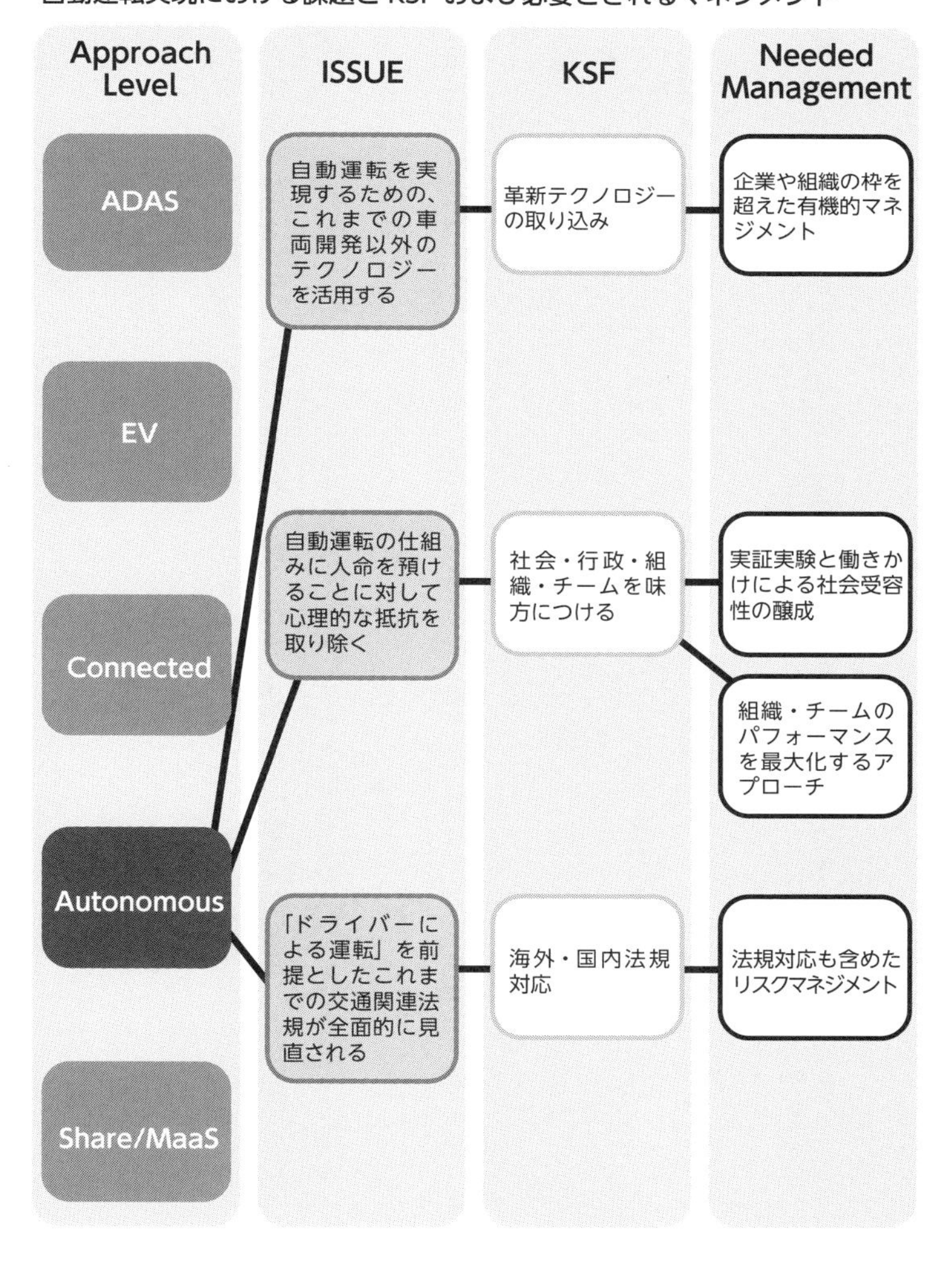

* 筆者作成

これらをまとめると、自動運転の実現に求められる要件に対する課題は基本的なものとして下記の要素が挙げられる。

1　自動運転を実現するための、これまでの車両開発以外のテクノロジーの実用化
2　自動運転の仕組みに人命を預けることに対する社会的な抵抗の除去および受容
3　「ドライバーによる運転」を前提としたこれまでの交通関連法規の全面的な見直し

これまでと同様に、以降ではこれらの３つの課題についてそれぞれ、課題を解決するためのＫＳＦとそれを実現するためのマネジメントのあり方について重要なものを取り上げて整理していく。

4.5.3 自動運転実現上の課題に対する重要成功要因とマネジメントのあり方

4.5.3.1 新たなテクノロジーを高度に組み合わせるマネジメント

産業の領域を超えて新たなテクノロジーを取り入れる

自動車産業の構造変化に対応していくために、これまで全く関わっていなかった業種における企業や新興企業、研究開発なども含めて活用する方法は人材、スピード、コストなど様々な面で有効となる。CVCを活用し、最新のテクノロジーに関する情報が集まるようにして、投資先に見合う対象を選定していくといったことが重要であると第3章でも述べた。さらに踏み込んで考えた場合、投資判断を行う権限と責任もまた重要である。

CVCを持つほどの大企業の大部分は、組織が大きくなりすぎて意思決定が遅くなりがちである。特に日本のすり合わせ型の意思決定スタイルでは顕著である。たとえシリコンバレーなどで最新のテクノロジーを取り入れるチャンスが訪れたとしても、本国のヘッドクォーターでの意思決定が遅いとチャンスを逃してしまう。ヘッドクォーターでの意思決定スピードを極限まで高めるルールとするか、CVCに独立して意思決定させるべきである。

特に自動運転の世界では、ディープラーニングの技術に加えてレーザースキャナーで高精度に空間を認識し、判断し、制御する必要があり、それぞれ自動車メーカーは過去に取り組んだことがなかった世界である。第1章で述べた通り、無人ロボット自動車レース「DARPA Grand Challenge」にて自動運転で走破し優勝したスタンフォード大学といち早く協業し、次のステップへと進んで行ったAudiや、その後のGoogle（現在はWaymo）はそのスピードが圧倒的に速かった。また、そのレースで培ったレーザースキャナーの技術を核にしたVelodyneは、今では自動運転自動車の根幹をなす中核企業であり、いち早く提携して開発を有利に進めているWaymo、Ford、Volvoなどは意思決定も合理的で、そこには自分たちが目指す姿とそれに必要な技術を照らし合わせて判断できるマネジメントであったと考えられる。

もちろん、そのような技術を研究していたマサチューセッツ工科大学やスタンフォード大学の卒業生を受け入れているという点も大きく、産学協同の成果もあると考えられる。またディープラーニングのためのコンピューティングパワーの処理能力の高さに気がつき、NVIDIAのＧＰＵがカギになると判断して協業して開発を促進していったAudiやトヨタ自動車、Volvo、Tesla、あるいはMobileyeの走行画像解析処理による自動運転技術にいち早く連携を深めていったBMWやIntelは、やはり合理的かつ迅速な意思決定を行ったと考えられる。

利害関係は考えない=ワンチームマネジメント

協業を進めるとなったときに重要となるのが、お互いの強みをいかに引き出して形にしていくかという点である。それを実現するには様々な障壁があり、それぞれ取り除く必要がある。まず、やると決まったが人がアサインされない、リソースが足りないといった問題がある。やると決めたからには、必ずフルコミットして寝食を共にするくらいの意気込みが双方にないと、予め答えが見出せない難問に立ち向かうプロジェクトにとっては影響が大きい。問題が難しければ難しいほど、フルコミットは必要である。

次に、ロケーションが離れていてコミュニケーションをとりづらいという問題である。お互いを理解するということが特に重要であり、ロケーションが離れていては理解が進まず、むしろ些細なことで誤解が生じると、プロジェクトがストップすることさえ起きてしまうため気をつけなければならない。近年ではアジャイル開発手法の1つに、モブプログラミングというアプローチがあるが、これをプロジェクトの初期段階からプロジェクトマネジメントにも応用するべきであると考える。

つまり、チーム全員で思想を共有し、課題を共有し、都度合意しながら事を進める。もちろんタスクの見える化や都度意思決定を促すファシリテーターは必須であるが、これがお互いの理解促進と距離を縮めて、ワンチームで前に進むために必要なことであると考える。そこには異なる企業から来たという理由で、持ち帰って意思決定するなどという猶予はない。それぐらい新しいテクノロジーを取り入れて、新しいビジネスを立ち上げることは競争であり、覚悟を決めて取り組む必要がある。

バーチャルでの開発マネジメント

それでも物理的な制約があり、前述のワンチームマネジメントが難しいケースはある。そのような場合でも、できるだけバーチャルにワンチームとなるようにマネジメントする必要がある。そのためにプロジェクトマネジメントツールとして、いくつかのプラットフォームを使用するべきである。TV会議システムやオンラインでのビデオ会議など行える環境は最低限必要である。さらに、ミーティング予定を確保する調整を複数の関係者で行うことは非効率的であり、調整コストが無視できない問題があるため、もっと気軽にフローとストックでコミュニケーションをマネジメントする必要がある。

このための環境として近年、Slackなどのビジネスチャットツールが先進企業のビジネスインフラとして取り入れられている。これはその場にいなくてもバーチャルな空間、かつ時間さえも非同期で共有でき、議事録を取る必要がなくなる。議論はすべてチャットである。チャットで打ち込むことが難しい場合は、PMOが議論の流れを打ち込んでいけばよい。そして特に重要な部分はストックとして、同じツール上にWiki化しておけばよい。

渋滞の問題や、地理的に離れていて移動に時間がかかる米国や欧州の一部の都市などでは、同じ会議室に集まることが非効率であり、これらが特に受け入れられている。先進的なツールとその意義を理解して実践しているPMOはプロジェクトにとって貴重な戦力となる。

自律協調型のチームマネジメント

自社だけではなく、業界の垣根を越えて同じ志を持つ「パートナー」を見つけることで企業や組織の枠を超えて自律協調型のチームをつくりやすくなる。

社会的価値を創造する意義を発信、啓蒙し、同じ志を持った人や企業の共感を得て仲間を集めることで、各自の強みとする製品や技術やサービスが組み合わさって新たな価値創造のきっかけが生まれ、共通の価値観を醸成していくことに繋がる。そうすると共通の価値観をもとにした考え方が言語となって行動の指針となり、カルチャーやプロセスがマッシュアップされて実現が加速する。企業だけでなく行政も、公共の利益に資する取り組みには前向きとなり、制度面においても協力者になると考えられ、市民への啓蒙により行政そのものを動かしていくことも可能になる。

このように有機的にチームを繋ぐためには、ビジネスのゴールを描くと同時に、「仲間」を探すことも、戦略上とても重要である。

完全自動運転車の実現に向けては、UberとVolvoに注目したい。２０１６年に完全自動運転車を共同開発すると発表し[*1]、協力関係を構築することで実現を加速させ、２０１７年にスウェーデンの市街地の公道での実証実験を開始すると宣言していた[*2]。さらに２０１９年から２０２１年にかけて２万４０００台のロボットタクシーをVolvoがUberに供給すると発表しており、実現へ具体的に進んでいることがわかる。Volvoは事故を起こさない完全自動運転車を開発するということに早くから取り組んできた。その実現に向けて本当にその技術を必要としているパートナーとしてUberと手を組んだ。これによりライドシェアサービスを提供するカスタマーと密に繋がり、サービスの一部としての完全自動運転車を提供する機会を得る。これが単なる技術の協働開発ではなくビジネスに組み込まれた完全自動運転車の視点を持って開発されることは大きな意味を持つ。

また、Volvoはいち早く大規模サプライヤーのAutolivとの提携を発表し、合弁会社のZenuityを立ち上げて自動運転システムの開発を本格化させている[*3]とともに、NVIDIAとも提携して自動運転用のＧＰＵとプラットフォームを活用し開発を加速させ

*1 日本経済新聞 2016/8/19
*2 Volvo ホームページ
https://www.volvocars.com/jp/about/our-innovation/intellisafe-autopilot/drive-me
*3 日本経済新聞 2016/9/7

ると発表[*4]している。さらにAutolivはマサチューセッツ工科大学のAgeLabと協業し、適切なドライバーの関与をサポートする人間中心の車両システムの研究成果を取り入れる動きや、モビリティXラボを立ち上げてVolvo、Ericsson、Autoliv、Zenuityが1つの建屋で共同開発するという動きもある[*5]。そこには明確なビジョンがあり志があり、それが様々な企業の賛同を獲得して新しいテクノロジーを協働でつくり上げる土台になる。

これらの例を見ていると、新時代の価値創造にはいかによいパートナーを見つけることが重要であるかということがわかる。広域化したビジネスドメインにおいては、様々な技術やサービスを組み合わせて積極的に活用し、いかに素早くカスタマーが求める付加価値を実現するかが重要である。そのためにはしっかりとした土台を築く必要がある。真のパートナーシップを構築し、同じ志を持ってワンチームで事にあたることが革新を生む。優秀な人材の採用、高品質な資材調達の企業間取引、企業間の戦略的提携、そうした個人と企業、企業と企業の関係において、自律性と高い権限移譲レベルを実現するためには真のパートナーシップを構築することがマネジメントに欠かせないだろう。一枚岩になることが大事だとよく耳にするが、そのために必要なことはこれまでに述べた境界を越えたワンチームマネジメントにかかっている。

*4 日本経済新聞 2017/6/27
*5 Autoliv ニュース
https://www.autoliv.com/innovation-and-research/research/highlights-news

4.5.3.2 社会・行政・組織・チームを味方につける

事故時の責任の所在を明確に

新時代の価値創造には、テクニカルな面での実装やそのためのプロジェクトマネジメントも必要であるが、実装した新しい製品やサービスを人々が受け入れて、新しい価値として認められるように様々なステークホルダーに働きかけることも重要である。この価値創造には3つのステップがあり、開発、実証実験、社会実装と進めていくことが求められる。

実証実験の段階では、法制度の枠組みに照らし合わせて問題がないかどうか、利用者や事業者にとって受け入れられるかどうかを、対象者や対象適用範囲を限定してトライアンドエラーで課題を抽出・評価・改良する。実際の公道で試験を行うことで識別できる課題は、システムの改善によって修正できる問題、システムではなく人間のオペレーションによって回避できる問題、それ以外の対応が必要な問題などに分けて解決を図っていくことになる。

特に自動運転システムの場合は、無人運転の際の事故の責任問題を明確にしなければならない。無人運転で事故が起きた際、自動運転システムの欠陥が認められた場合に、事故の責任を自動車メーカーが負うのかどうか、そしてその場合の条件等、ＳＡＥのレベル５を市場化するまでに法律に定めておく必要があり、調整には時間を要する課題である。人間が運転操作をシステムに委ねるレベル３の実現においても、こうした問題を想定しておく必要がある。

日本では２０２０年までに、準自動運転システムの市場化を目指し、自動運転制度整備大綱をまとめつつあるが、段階的にそうした問題に対応していく方針が示されている。国にとっても、自国の産業の競争力強化は大きなテーマであり、こうした制度に対しては専門家や将来利用すると想定される利用者や事業者からの意見も重要である。そうした意見をしっかりと反映できるように、産官学が協同で実証実験を行って、利用者の声をフィードバックすることは欠かせない。

ドイツではＳＡＥのレベル３に対応するために法改正を行い、責任の切り分けを行えるよう、事故発生時にシステムが行った操作の記録を残すことを義務付けている。日本でもこうした制度は必要となるであろうが、こうした法制度が現実的に問題が起きた場合解決できるかどうかは、予め実証実験で課題を明確にすることが重要である。

新しい未来のあり方を示す

社会へ実際に導入する社会実装の段階では、社会受容性の醸成が重要であり、問題を解決するというアプローチではなく、新しい未来のあり方を社会に示し、共感を得る必要がある。専門家や法律家だけの議論に任せておくのではなく、人々が想像力を働かせて新しい社会のあり方について意見を交換することで理解が深まり、未来に起きることを現実のこととしてとらえられるようになる。そして、これまでは考えもしなかった未来に起きる問題に対して、個人の実際の考えが紡ぎ出されることになる。

社会受容性の醸成というと、何か受け身なイメージがつきまとう。これが現在進行形の問題であれば、社会における問題意識の高まりということでとらえられるが、未来のこととなると問題意識を持ちにくい。そのため、そうした未来のあり方を話し合ってイメージする機会を増やして、できるだけ触れる機会をつくるということがまずスタートとなる。

そして来るべき社会がもうすぐ現実になるということを、実感できるような体験をできるようにする。そして、感じたことをもう一度振り返ってみて、未来のあり方は本当にこれでよいかを疑ってみる。この繰り返しを社会全体で進めていく必要がある。この中にはトロッコ問題[*1]のように、倫理的にも道徳的にも難しい問題についても話し合うことが必

*1 フィリッパ・フットにより 1967 年に提起された倫理学の思考実験。

「トロッコが突進している先に 5 人の人がいる。直進すると 5 人の命が奪われる。しかし曲がると、トロッコは別の線路に入り、そこにいる 1 人の命が奪われる。直進することが正しいか、それとも曲がることが正しいのか。」という問い。

自動運転車においてもどのような設計思想でアルゴリズムを組み立てるかが現実的な問いとして提起されている。

社会情報学会「自動運転車の「トロッコ問題」などに関する意識：日本に居住する人に対する質問紙調査を通じて」河島茂生、北村智、柴内康文　2017/9/17
http://gmshattori.komazawa-u.ac.jp/ssi2017/wp-content/uploads/2017/07/10.pdf

要になる。完全自動運転の社会においては切り離すことができない問題であり、あえて対話に取り入れて真剣に考えてみることが必要であると思う。

そうした大きな問題に対して、積極的に社会に働きかけるということが最終的には理解を促し、大きなムーブメントとなるきっかけをつくる。製品やサービスによって生み出される価値について考えるだけでなく、さらにはその先にある社会のあり方までも考えてマネジメントしなければならないということである。

この社会受容性の醸成には企業体単独では行うことは難しい。業界として一致した未来を描き、そのために必要な技術開発の促進と、法制度の改正に向けた意見集約、国際標準機関への働きかけなど、競合企業とも連携しながら協力する領域も多い。

例えば、ダイナミックマップなどの高精度3Dマップの実現など、完全自動運転には欠かせない技術の1つではあるが、これを1社だけで実現するよりも業界で協力して整備することで、自動車メーカーは非競争要素についての開発コストを抑制し、その分をより付加価値を発揮しやすい領域に注力しやすくなる。日本ではダイナミックマップ基盤株式会社が設立され[*2]、欧州ではHereがDaimler、BMW、Audiのコンソーシアムによって運営されており、こうした背景も大きいと考えられる[*3]。

*2 ダイナミックマップ基盤株式会社ニュースリリース
http://www.dynamic-maps.co.jp/pdf/newsrelease_14_3_2017.pdf
*3 Here ホームページ
https://www.here.com/en/autonomous-driving-new

成果を生み出すためのアプローチ

組織やチームの中においてはどうだろうか。モノづくりの世界がインターネットビジネスの世界に融合するということは、成果の出し方も変えなければならない。モノづくりの世界、とりわけ自動車の車両開発においては企画から設計、製造、ラインオフ（市場へリリース）するまで2年から3年、アフターサービス期間はラインオフからさらに10～15年である。

一方、インターネットビジネスにおけるライフサイクルは、開発期間は早いもので数か月、長くても1年という開発期間の短さで、かつサービスリリースも初めはミニマムな機能からリリースして、段階的にバージョンアップを繰り返して、いかに市場の評価を先に勝ち取るかが重要になる。アーリーアダプターを最初に取り込んで、魅力あるサービスに試行錯誤を重ねながら仕上げていくアプローチは、モノづくりの世界の従来のアプローチとは大きく異なる。

そのような違いの中で、これまで長いライフサイクルを前提にアウトプットを積み上げていくやり方に慣れている人は、インターネットビジネス型の早いライフサイクルに適合するための開発アプローチを受け入れていかなければならない。

車両開発においては市場のライフサイクルが長く、かつ安全性を担保するための品質というものに特に力点が置かれていた。そして品質の高い製品を生み出すために必要となるマネジメントが必要であった。例えば、TQM、QCサークルなどがそれにあたり、車両の開発や生産においていかに品質エラーを減らすかといったアプローチがとられていた。

日々現場で発生する課題を張り出しておいて、課題解決策を話し合う。そして検討した方法を試した結果を、また日々のコミュニケーションの中で報告する。この一連の活動によって、現場がお互いに高め合っていくカルチャーが醸成され、そのカルチャーによってさらに課題解決の取り組みが促進された。これは改善というマネジメントの例ではあるが、生産性の高いチームをつくり出すための有効な手段であり、長らく日本のモノづくりの現場ではチームマネジメントのお手本とされてきた。

一方で、インターネットビジネスにおける開発の現場では、アジャイル開発アプローチが主流になりつつある。これは光のスピードで情報が伝達される時代が到来したことによって、情報と情報を結びつけて新たなビジネスを構築することが可能となり、さらにビジネスアイデアを具現化することも、ソフトウェアとインターネットの世界の中で完結することができるようになったことが大きい。

企画したものが有効なのか、プロトタイプによってエンドユーザーのフィードバックを得ながら、本当に必要なサービスになるまで繰り返し検証してブラッシュアップしていく。情報が光のスピードで地球の反対側まで届くということは、インターネットの世界でサービスをリリースできれば、それは世界で同時にサービスをリリースできるということである。完璧でなくてもいいから、未来に繋がる社会的価値の高いサービスや製品は、市場から一定の評価を得る。

クラウドファウンディングの世界最大のサイトでKickstarter*が有名であるが、そういったインターネットの世界で優れたアイデアや価値を持つプロダクトやサービスは、短期間で資金が集まり、短期間でプロトタイプの開発が行われる。ファウンダーも短期プロトタイプということを承知の上で、資金を投下し、むしろ最短距離かつ最速で本当に必要なプロダクトやサービスが手に入る。つまり、最先端ということこそにプロダクトやサービスの価値を見出している。このような、消費者の期待、必要なプロダクトやサービスを最短・最速で入手したい要望にできるだけ応えようとするアプローチが必要になる。

個人の働く意欲が新たな付加価値を生み出す原動力

このような環境の違いの中で、それぞれの組織・チームのパフォーマンスを最大化するための要素とはどのようなものだろうか。新しい技術の進化によって社会のあり方が変わ

* Kickstarter ホームページ
https://www.kickstarter.com/

ろうとしている中で、パフォーマンスを発揮する人々は、未来に繋がる社会的価値の高いサービスや製品に対して、組織の目標や自己実現欲求を重ね合わせているのではないだろうか。

これまでは企業が事業を成功させるためには、企業の中でプロジェクトマネジメントやプログラムマネジメントに従事して、価値を生み出そうとしてきた。その中で問題になるのは、組織間の利害関係であることが多かった。組織の論理では、所属する組織の利益を最大化する方向が最優先である。本来であれば、自社の全体の利益追求のために行動するべきところが、所属組織の利益追求に走ってしまう。このようなケースでは、企業全体の利益追求のために一致団結してお互い協力し合う関係づくりが成功のカギを握る。

そのために、プロジェクトの責任者・組織の責任者が時間を割いて、思想を説いて回ることで協力を呼びかけ、トップの想いが現場に伝わっていき、現場はトップの想いに共感し、なんとかしてそれを実現しようとする。少々泥臭いが、全体を1つの方向に動かすということはたやすいものではない。特に巨大企業になればなるほどそれは難しい。トップが直接、現場に対して未来に繋がる社会的価値を説いていくことで、現場は成功したときの社会的な達成感・充実感を先取りすることになり、貢献意欲をかき立てられ、仕事に邁進できるようになるのである。

万国共通であると思うが、組織やチームを支えている個人の働く意欲が、新たな付加価値を生み出す原動力になっている。人を中心にした組織やチームのマネジメントというのは、企業が永続するためには欠かせない。近年業績を伸ばし続けている企業は、どんなにすぐれたビジネスモデルであっても、そこで働く人の成長を阻害するモデルでは成立しない。

働く人も近年はライフスタイルの変化や、ボーダーレス化により多様化している。様々な国籍や文化の違い、考え方の異なる人々、バックグラウンドが異なる人々、すべてが働きやすい環境づくり、モチベーションを高めやすいマネジメントが求められている。そのような様々な人々が共感できる社会的価値というものは、とても強いエネルギーを生み出す。

教会を建てるレンガ職人の話がある。単なるレンガの積み上げ作業と思うと、単調で退屈な仕事となって積み上げにばらつきが出てしまうが、神様にお祈りをささげる神聖な教会に求められているということを考えるならば、しっかり整えてレンガを積み上げようという気持ちが自然に生まれる。信仰がその教会によって成就されるならば、それは社会にとっても価値のあることであり、もはや個人や建設業者だけの利益追求のためではない。参考にしたい話である。

モチベーションを最大化するマネジメントアプローチ

新たな価値をバリューチェーン上の異なるプレイヤー間の連携のもと実現するには、各々の企業ピラミッドの要のところでしっかりと繋がりさえすれば、ビジネスドメインが広範囲化したとしても、プロジェクトは想像を超えたスピードで前進する。

アジャイル開発によるアジャイルプロジェクトマネジメントは、スピードを追求していく上で試す価値のあるアプローチであると同時に、チームの生産性を最大限に高めることも可能となるアプローチである。アジャイルマニフェストの中には、自己組織的なチームとしての考え方が宣言されており、権限移譲された個々のメンバーのコミットメントによって運営されることがチームへの参加条件である。そもそも、条件を満たさないメンバーはチームへの参加は許されない。これは、そういったアプローチに対する組織の理解とカルチャーが浸透しなければ成立しないアプローチである。このアジャイルプロジェクトマネジメントは、異なるプレイヤー間の連携においても有益なアプローチである。

所属する企業を離れて、これまでとは全く異なるビジネスモデルやバリューチェーンを実現するために集まった複数企業による合同プロジェクトは、各々の所属企業の考え方やカルチャーを持ち込まずに、実現するべきゴールに向かって1つのチームとして協働するべきである。そうすることで本来何をなすべきかが明確になり、解決に向けたアクションに繋がりやすくなる。組織やチームのパフォーマンスを最大化するにはマネジメントアプローチとしてアジャイルのアプローチを考慮することも重要である。

4.5.3.3 法規対応も含めたリスクへの対応

セキュリティ要件を明確に

自動運転社会の実現に向けて、考えなければならないリスクとしてセキュリティの問題は重要である。これはコネクティッドサービスの実現においても課題であるが、より安心・安全に対する脅威としてコネクティッドカーが自動運転可能となる段階で、インターネットと繋がった悪意のあるハッカーが自動車の制御を奪う危険性が指摘されている。交通事故を減らし、安心・安全な社会を構築するための技術であるはずが、対策を怠ってしまうと、その逆方向に進む危険性をはらんでいる。これに対しても各自動車メーカーやサプライヤー、政府は対策に動いている。

日本では内閣府主導の戦略イノベーションプログラム（SIP[*1]）の1つに「重要インフラ等におけるサイバーセキュリティの確保」という課題テーマが設定されており、その

*1 内閣府ホームページ
http://www8.cao.go.jp/cstp/gaiyo/sip/sympo1810/about.html

中で自動車も含めた通信・放送、エネルギー、交通といった社会全体を支える重要インフラのサイバーセキュリティの技術開発や、人材育成について話し合われている。

この中では、「自動走行などの将来型交通システムや広域医療システムとして加速するＩｏＴシステムの普及、電力自由化など環境の変化にともない、重要インフラサービスや社会サービスの高度化・効率化・多様化に向けて、複数の事業者が他の社会インフラサービスと相互連携する必要性が高まってくる」と指摘されている。これに対してＩｏＴ機器が社会に浸透する前にセキュリティ対策を先行させ、これらに関わる事業者にもここでの研究成果を展開するとしている。

同じくＳＩＰの１つに「自動走行システム」という課題テーマを扱うプログラムがあるが、この中のプロジェクトの１つにサイバーセキュリティをテーマにしたものがある。その中では、官民ＩＴＳロードマップに沿って、自動運転社会の実現に向けて産官学が協力して研究開発・実証実験などを行っているが、自動車におけるサイバーセキュリティの要件を明確にするために、自動運転システムにおける基本的なアーキテクチャーと検証・評価のためのモデルづくりが行われている[*2]。これによって、自動車の内部構造をコンポーネントレベルで分解して、個々のセキュリティ要件を明確にする上で役に立つ。

通信レベルでの暗号化や自動車と通信を接続する際の認証、ゲートウェイ機能、車載ネッ

*2 SIP-adus　Workshop2017
http://en.sip-adus.jp/evt/workshop2017/file/evt_ws2017_panel05_CyberSecurity01.pdf

トワークにおけるセキュリティポリシーの策定と実装、ＥＣＵレベルでの認証など、レイヤーに分けてセキュリティを担保するためには何を実装して評価するべきなのかを明確にできるようになるだろう。

また、これらの基準や標準を国際的に協調していくことも、自動車メーカーごとに実装やセキュリティレベルがばらつき、脆弱性に繋がるリスクを排除する上で重要となる。その上で、各自動車メーカーやサプライヤーが、実装段階で確実に自動運転システムに求められるセキュリティ要件を満たすように、ガイドライン化やルール化して認証していくことも求められるだろう。

自動運転システムを社会に導入し浸透させるためには、様々な自動運転システムを技術的に開発するだけでなく、制度や責任問題についての議論も必要である。そのためにも自動運転システムの有効性を社会に浸透・啓蒙する必要があり、継続的な個人・地域・産業・社会の各レベルで交通事故の減少や環境負荷の低減、人手不足への対応、生活へもたらす付加価値の向上などを測定して、継続的に評価し対話を行う中で進むべき道を見出していくような取り組みも必要となるだろう。もはや１事業、１企業、１国だけでは成し遂げられないシステムづくりであり、企業・地域・国の境界を越えた取り組みを協調して行う動きが重要となる。

社会実装のために必要なこと

自動運転社会を実現するためにはジュネーブ条約の見直しと、それに基づく各国法規制への対応が必要となることは前述の通りである。技術開発が先行してある程度進んだ段階で、法制度の見直しが行われている状況ととらえられるが、完全自動運転の自動車が実現するまでには交通ルール、保安基準、認証、検査、運転責任のあり方、保険など、まだまだ検討しなければならない問題が多数存在する。

完全自動運転システムがドライバーとなり、ハンドルのない自動車が走行するまでには、走行する条件や領域を限定して、徐々に適用を広げていくことが現実的と考えられる。安全を実現するためには、不確実なリスクを除外していくことが重要であり、段階を追って想定外のリスクを減らしていくことがマネジメント上も重要となる。

例えば高齢化の進展が顕著である過疎地域や公共交通機関が維持できなくなっている地域などは喫緊の課題であり、お年寄りが生き生きと活動するために完全自動運転車を活用できるようにすることは、都市部での利便性追求という目的よりも社会的なインパクトの大きさから実現するべき優先度が高いと考えられる。実現したい姿と社会に与えるインパクトの大きさから優先領域を決定して実現するべき制度を整えていき、実走評価を行った上で段階的にリリースしていく。これを少しずつ広げていき、実現可能性の見極めと、短期間でのフィードバックを行って成熟させていく。このように進めていけば不確実な状況の中でも、効果的に前に進めていくことができる。

イノベーション段階では失敗を前提に繰り返し実験と評価を行い、新技術を孵化させていくのだが、実現段階ではステージが変わりそれに適したマネジメントが必要となる。いわゆる量産化対応ということであるが、多くの人々が日常的に使用することで想定外のことが起きてはならない。これには「4.2」で述べたゲートマネジメントも有効であるが、実現範囲を限定して徐々に広げていくというアプローチも有効である。もちろん、完全な対応を行うまでには時間がかかるが、安全という要求を実現する上では避けては通れない。各国で自動運転システムの実現に向けて自動車メーカーがしのぎを削っているが、利用する側から見れば慎重な対応は望むところではないだろうか。

4.6 モビリティサービスを実現するために必要となるマネジメントとは

4.6.1 モビリティサービスの特徴

MaaSとは

ＭａａＳ（Mobility as a Service）が、市場として確実に広がってきていることは第1章で述べた通りである。ＭａａＳとは狭義では、ライドシェア、カーシェアなどシェアを前提とした移動体を利用するサービス形態のことであり、所有する自動車などの移動体によって移動するのではなく、車を所有せずにシェアを前提とした移動体を利用することで移動ニーズを満たす。広義では、自転車や自動二輪車、自動車、電車、バス、飛行機、船舶などの移動手段と、インターネットサービスも融合させた移動サービス全般のことである。これらのモビリティサービスを実現するには、どのようなことに留意していけばよいかを考察したい。

モビリティサービスを考える上で重要な視点は、B to B、B to C、C to Cなどの、どのビジネス領域でサービスを提供するかという視点、自動運転やEV、スマートフォンといった新しいテクノロジーをどのように組み合わせてサービス提供するかという視点、人・モノ・エネルギー・空間という移動させる対象を、ラストワンマイルなのか、都市部内交通なのか、都市間交通なのか、過疎地域なのかどこへ移動するのかという視点が挙げられる。

サービスを提供する3つの視点

まずはどのビジネス領域でモビリティサービスを考えるかについてであるが、最もイメージしやすいモデルはUberが提供するライドシェアのモデルであろう。従来のタクシー業界ではB to Cという視点で事業者が車両を保有し、ドライバーを雇用して、調達・サービス提供・メンテナンスのすべてを事業者がオペレーションしていた。UberはB to CではなくC to Cという視点で、一般の個人が所有する車やドライバーと契約を結び、それらの労働力と資産を活かして、利用顧客向けにサービスを提供するC to Cのモデルを生み出した。もちろん、事業者がサービス提供に関する運行管理を適切に行う義務はあるため、サービスクオリティを保つために、契約ドライバーや契約車両に対する一定の基準を設けることも重要になる。Uberが革新的だったのは、このサービスクオリティの維持のために利用顧客からのフィードバックを活用しサービス改善に役立てたことである。

次に、新たなテクノロジーをどのように組み合わせてモビリティサービスを提供するかという視点であるが、自動運転やEVの実現ということにおいてもはや疑う余地はなく、早ければ2020年にはレベル4の自動運転車を限定領域にて利用することを前提としたサービス提供する事業者も現れると想定される。このサービス提供の前提には、高速通信を行うためにスマートフォンや車両に搭載された通信装置を利用することも考えられる。これによって車両内外の運行状況、サービス利用状況など把握可能になり、様々な人やモノやエネルギーや空間の流れを必要とするビジネスシステムに組み込んでいくことで、新たなサービスをつくり出せるようになる。あるいは、既存のビジネスに付加価値を加えていくことになるだろう。

3つ目の視点として、どの交通エリアでモビリティサービスを提供するかという視点である。人やモノ、エネルギー、空間など移動させる対象は様々であるが、移動には必ずFrom-Toという概念があり、これを実社会に当てはめて考えることが重要である。

人を中心に考えた場合は、自宅からターミナル駅まで、もしくはターミナル駅から職場までといったラストワンマイルという領域、ターミナル駅と大都市との間の領域、ターミナル駅と過疎地域との間の領域など様々なエリアに区切って、そのエリアの移動ニーズに関する特性を踏まえた移動サービスを検討することが重要となる。人ではなく、モノを中心に考えた場合は、大規模な物流拠点間の輸送、物流の地域ごとの拠点までの輸送、地域拠点から配送先までの輸送などである。

自動運転とEVを組み合わせたモビリティを前提に考えた場合、エネルギーを車両に蓄電しておいて、必要に応じて地域内で共有・消費するという考え方もあるため、エネルギーもモビリティサービスの対象となりうる。さらには、EVの項でも述べたが、車両設計の自由度が増すことで車両そのものに空間としての価値が生まれ、空間を運ぶという新たなモビリティサービスの概念もある。

いずれの場合にも、移動に関連して人々が感じている不便さや、事業者や社会が抱えている様々な課題の解決という視点が根底にある。これらの視点なくしてモビリティサービスの革新は生まれないだろう。

4.6.2 モビリティサービス実現上の課題

モビリティに関するデータの活かし方で勝者が決まる

前述のモビリティサービスの実現に求められる要件を満たすためには、技術的な観点以外のビジネス視点での取り組みが重要となる。まず、自動車産業が１００年に一度の変革期と言われている状況において大切なことは、どのような姿に変わっていかなければならないかという共通認識を持つことが重要となる。産業構造そのものが変わりつつある中で、どこを目指していけば新たな競争環境の中で勝ち続けられるのか。10年から20年先の社会を見据えて青写真を描き、新たな価値を定義して、それを実現するためのビジネスを考える。そして、そこに近づけるために新たに生み出すことや変えなければならない要素を洗い出し、組織やプロセスなどを再構築する。

特に重要となるのがビジネスモデルの中身である。自動車産業に属する自動車メーカーやサプライヤーは、これほどまでに成長・成熟しているため、どうしても過去の成功体験に基づき意思決定しがちであるが、この変革期においてはその考え方は危険である。もはや構造が変化し、従来の産業ではなくなりつつあることを自覚しなければならない。魅力的でエコで走りのよい自動車をつくれば、消費者に売れ続けるという時代ではなくなりつつある。スマートフォンで手軽に効率的にモビリティサービスを使って、自動運転のＥＶで移動する時代に変わろうとしているが、そのときのサービス提供の事業者は自動車メーカーでなくてよい。サービスとして顧客に受け入れられた事業者が勝者となる可能性が高くなる。

カーシェアやライドシェアなどシェアリングサービスが充実すると、車を所有する人は徐々に減っていく予測もあるということはすでに述べた通りだ。そして、この新たなシェアリングサービスを実現する事業者は様々な業界から参入する。自動車産業に属する企業は、これらの異業種との競争に打ち勝っていくためにも、モビリティサービスをビジネスとして事業展開していく力が求められている。

さらに踏み込んで考えたときに、ビジネスの核となる要素として考えられるのがモビリティに関するデータの活かし方である。現在インターネットビジネスにおいて君臨しているFacebook、Amazon、Netfrix、Google（現在はAlphabet）は頭文字をとってＦＡＮＧと呼ばれており、成長率も他の企業群に比べて高いことは知られている。これらの企業が成長できているのも、顧客にとって手放せないサービスを提供しているからにほかならない。

ＳＮＳや小売り、映像配信、検索サービスなど顧客の生活に欠かせないサービスを提供して、顧客が手放したくないと思わせる。モビリティサービスにおいてこれを可能にするのが人々の個々の移動データの活用によって、圧倒的に便利で快適で安全なサービスである。データを活用して顧客の個々のニーズに合わせて、移動サービスをカスタマイズすることで従来になかったサービスが生まれる。個々のニーズに合わせているということは、裏返しで見れば顧客にとって最適化されているということであり、サービスにおける重要なポイントである。

自動運転が当たり前になる社会においては、自動車メーカーやサプライヤーが生き残るためにはモビリティに関するデータを活用して、顧客のそれぞれが望むサービスを提供することが重要となる。このモビリティに関するデータを活用できる基盤を備えたプレイヤーが、勢力を強め顧客データを盾にしてより強固なビジネスを構築していくと考えられる。これは自動車メーカーでなく、他の業界から参入するサービスプロバイダが、その位置に君臨する可能性もあることは理解しておくべきである。最も顧客に活用されるモビリティサービスを構築し、そのデータを活用してさらにサービスの質を高めていくことができる企業が、新たなモビリティサービス産業において力を持つことになる。

1　10年から20年先の社会を見据えて青写真を描き、新たな社会的価値の実現のためのビジネスモデル検討

2　これまでにない新たなモビリティサービスの実現に向けて、様々な業界からの参入を前提にした競争力強化

モビリティサービス実現における課題と
KSF および必要とされるマネジメント*

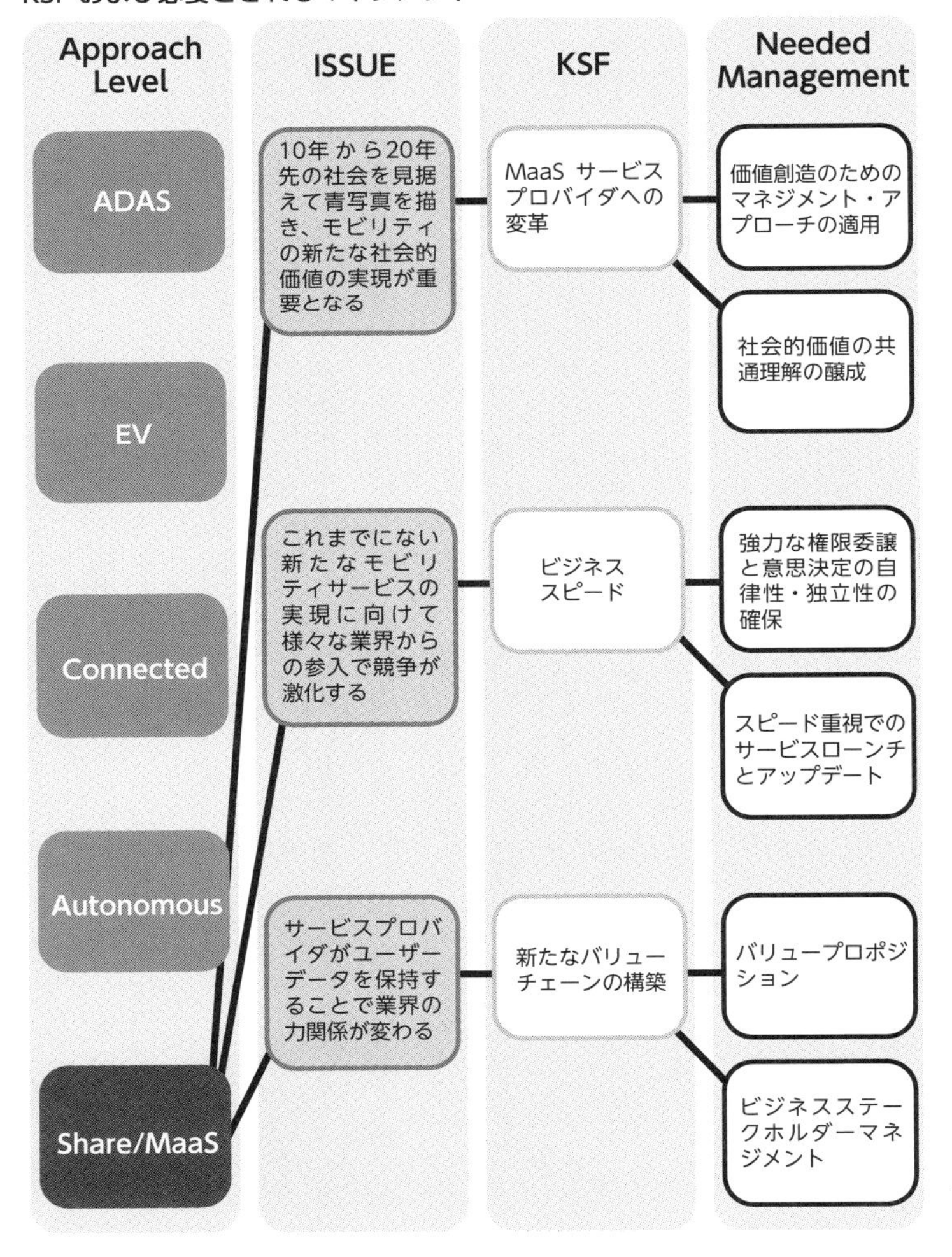

* 筆者作成

3　自動運転の到来とともにＭａａＳの比率が高まり、サービスプロバイダがユーザーデータを保持することで業界の力関係が変わる

これまでと同様に、以降ではこれらの３つの課題についてそれぞれ、課題を解決するためのＫＳＦとそれを実現するためのマネジメントのあり方について重要なものを取り上げて整理していく。

4.6.3　モビリティサービス実現上の課題に対する重要成功要因とマネジメントのあり方

4.6.3.1　モビリティサービスプロバイダへの変革

未来価値創造アプローチを取り入れる

未来価値を創造するアプローチとしてデザインシンキング*・オープンイノベーション等アプローチは様々ある。しかし、従来のモータリゼーションの成長市場の中で強い成功体験を持つマネジャーは、既存のやり方の延長線上で改善を繰り返すことでマネジメント

* デザインシンキングは工業デザインや建築デザイン、エンジニアリングデザイン等様々な分野でのデザイン手法がビジネス領域にも発展し、人々の抱く課題に共感し、アイデアの創発とプロトタイピングにより実験を繰り返すことでイノベーションを促進する創造的な課題解決プロセスとして広まった。

しがちである。クレイトン・クリステンセン著『イノベーションのジレンマ』においても、指摘されているが、従来の製品やサービスの競争力が強い企業ほど、これまでのやり方を変えることは難しい。リーダーは激動の時代であるという認識のもと、領域を広げ、これまで関わりがなかった世界の人々と協調して取り組む戦略を考える必要がある。ＰＭＯもまた、リーダーと共に戦略的にマネジメントに取り入れることを提案し、実行に移していくことで、最適なアプローチを実現していく取り組みが重要である。

この考え方、つまり戦略的に領域を広げて、新しい価値を生み出すアプローチをプロジェクトに取り入れる意思を持つことが、繋ぐ力の根底を支えることになる。

特に日本企業には、自前主義＆ウォーターフォール主義＆外部委託（丸投げ）主義である企業が多いため、これからの時代についていけないことも容易に想像できる。積極的に外部の力を取り入れ、新しい価値創造に向かってワークショップと評価を繰り返して、短いサイクルで次の戦略に反映して軌道修正する。これができるかできないかで、ゴールへの到達スピードが大きく変わってくる。

既存のやり方を変えて、新しい価値を生み出すアプローチを戦略的に取り入れることが重要で、ただ漠然とマネジメントすることをやめることがまずは第一歩だと感じる。

試行錯誤を繰り返すことで意義を見出していく

未来価値を創造するためには、社会的な意義やビジネス上のベネフィットをどれだけ追求できるかということも重要である。自動車業界の大きな変革のうねりにおいて目指されている社会的な意義としては、例えば、完全自動運転車が普及すれば交通事故が減らせるということや、ＥＶと再生可能エネルギーが普及すれば大気汚染物質の排出を抑制できることが挙げられる。これを追求するために企業は活動しており、そこで働く社員たちは誇りを持ち、当事者としての責任感を持って実現に向けて悪戦苦闘している。こうした意義があるからこそ、付加価値が生み出される方向に皆が向かっていけるのである。そういった社会的な意義や信念を関係者が共通理解をしている状態こそが、原動力なのである。

「フォーチュン」の世界で最も称賛される企業ランキング*のうち、近年シリコンバレー発祥の企業が上位を占めている。これらの企業のカルチャーやビジネスシステムを比較してみると、失敗を恐れないカルチャーが根底にある。背景には、シリコンバレーのエコシステムがそもそものようなカルチャーを生み出している。つまり、企業家を中心に支援する大学、メンター、エンジェル投資家、ベンチャーキャピタル、コーポレートベンチャー

* フォーチュンホームページ
http://fortune.com/worlds-most-admired-companies/list/

キャピタル、アクセラレーター、インキュベーター、弁護士、会計士、銀行などが常に有望な種（シード）を見つけて育てようとする社会がある。

そういった社会があるからこそ、そこに優秀な企業家もしくは企業家予備軍である学生が集まってくる。企業家はシリコンバレーのエコシステムから様々な支援を受けて、最初は社会的な問題を解決するためのニーズを探り、プロトタイプをつくってはマーケットでの反応を見て、開発中のプロダクトやサービスにブラッシュアップしていく。いわゆるリーンスタートアップと呼ばれているシリコンバレーのエコシステムに根付いた新事業の開発アプローチである。その中ではより早く有望な種を孵化させて、事業として成長させていくことそのものが社会的意義として認識され、社会そのものが信念を持っているかのように思える。そのカルチャーがあるからこそ、高付加価値企業を輩出するエンジンとなっている。

さらに未来価値を追求し付加価値を最大化するには次の要素に留意する必要がある。最初から付加価値を最大にはできないということ。つまり、社会的な意義を確認しながら本当に社会が必要としていることを検証して製品やサービスをブラッシュアップしていくことで付加価値が生み出される。付加価値を最大化するためにはニーズを検証しブラッシュアップするための試行錯誤のサイクルが必要であるということをトップマネジメント層も理解しておく必要がある。一度や二度の失敗は失敗とは言えない。なぜなら繰り返し試行錯誤することが付加価値をつくり上げていく基本となるからである。これからの変化の時代には計画通りにいかないということを失敗というレッテルで終わらせてしまうことは意味をなさない。計画通りいかなくて当たり前であり、短いサイクルでゴールに近づくために工夫することこそが付加価値の源泉である。

リーンスタートアップは現在のフォーチュン500企業の大部分の企業にも影響をおよぼしていると言われている*。それらの企業のビジネスと同様に、自動車産業においてもＩｏＴ／ＩｏＥを前提としたコネクティッドなモビリティビジネスを新たに生み出していくために様々なプレイヤーが競争しているが、そのような新たなサービスを考える際にもリーンスタートアップのアプローチは重要になる。

モビリティビジネスを立ち上げるに当たっては、インターネットによって繋がったカスタマーのモビリティに関する行動をデジタル化し、ビッグデータを解析した上で、カスタマーへ体験価値を提供できるかどうかが重要となる。これまで、事業開発の成功確率を高めるアプローチはあまり知られていなかったが、リーンスタートアップはシリコンバレーにおけるエコシステムの中で必然的に生み出された企業家のためのアプローチであり、従来の伝統的なマネジメント手法とは異なり、構築・計測・学習のサイクルを比較的短期間

*『THE LEAN STARTUP』Elic Ries 著　CrownPublishing

で回してフィードバックを得て次のサイクルでさらにカスタマーにとって有益なものにするというアプローチである。不確実性の高い様々な前提や仮説に基づきビジネスプランを練って投資対効果を算出し承認を得てからスタートするような従来の伝統的な事業投資・マネジメントモデルでは変化の激しい事業には適さない。

昨今のモビリティサービスの開発競争においては、このようなリーンスタートアップのアプローチのほうが適していると言える。理由としては、モビリティサービスにおいて技術的・マネジメント的な不確実性が高いが、素早くサービス提供してできるだけ早くマスマーケットを押さえたいためである。技術的には、これまで接続したことがないモノとインターネットが繋がることによる様々な未知の課題が想定される。マネジメント面では様々な業界の企業にまたがってステークホルダーが関与することで1つのサービスにおける利害関係が複雑であり、これまで以上にバリューチェーン上に影響力のおよばない相手との関係構築を前提に課題解決を図るという困難さが想定される。

そういった不確実が高いリスクの中では、もちろん従来型の伝統的なマネジメント手法は一定の効果を発揮するであろう。ただし、素早くカスタマーが望むプロダクトやサービスを提供するという時代には、プロトタイプをカスタマーに試行させて本当にカスタマーが必要と感じる要素を見つけ出し、サービスにフィードバックする必要がある。それらを短期間で繰り返して、初めてカスタマーが購買意欲を持つ優れたサービスを生み出せる可能性が高くなる。リーンスタートアップのアプローチを取り入れることでそのような技術的に未知の課題を見つけ出し、致命的な問題がすべての設計・開発が終わった後のテストフェーズに露呈して、設計から大幅に見直さなければならないようなケースに早めに対処することが可能となる。マネジメント的な不確実性についても、影響力のおよばないステークホルダーに対して早めに評価を促すことができて、それぞれの思惑を見極めた上で早い段階でサービス上の利害関係が成立するように軌道修正を図ることが可能となる。特に顧客のニーズを的確につかみ、かつ、素早くプロダクトやサービスをローンチするまでのスピードを重視するときには有効となる。

4.6.3.2 スピードこそが価値を生む

環境変化が起きたら、スピードを持って軌道修正する

変革にはスピードが必要である。素早く成果を出すためにも、個々の自律性と高い権限委譲レベルが必要になる。決裁をとるために、組織における意思決定者の何層もの承認をとりつけなければならない日本の大企業特有の意思決定の遅さは、変革の時代においては

致命的である。

例えば、自社にない技術を持ち合わせているビジネスパートナーとの提携の話が挙がった際に、パートナー企業のデューデリジェンス（企業評価）を行って、事業提携によるリターンを見極めたり、パートナー企業とのWin-Winの関係を模索するためのシナリオを入念に検討したりすることがある。そしていよいよ話を進めようとした矢先に、実は別の会社に買収を持ちかけられて合意してしまったということが起きる。買収が活発に行われている米国では、２０１４年から２０１６年の３年間の平均で１年間当たり約８３０社の企業がＭ＆Ａによって買収されていた*。１日当たり約２社である。もはや自社にない技術は買う時代である。

このような状況の中では、有望な強みを持つ企業はＭ＆Ａにより別のグループへ買収されることは、常に念頭に置いておく必要がある。パートナーシップにより新たなサービスのあり方を模索する上で重要なのは、いかに共通の目的を見出し、スピードを持ってプロトタイプを行うかが重要である。ただし、お互いに出し合ったものは、お互いの利益のために利用できる必要がある。制約があると、それが足かせになって途端にスピードが落ちる。

これは同一企業の中でも起きることであり、組織のしがらみによってがんじがらめにな

* 「NATIONAL VENTURE CAPITAL ASSOCIATOIN NVCA-2017-yearbook」P31
U.S. Venture-backed M&A Activity
https://nvca.org/blog/nvca-2017-yearbook-go-resource-venture-ecosystem/

ると、有望な活動が停滞する。それによって推進者の熱意が薄れていき、いずれはその企業の中では実現できないと悟り、外部へ人材が流出する。企業内で有望な活動にお墨付きを与え、推進者の熱意を尊重し、インキュベーションする取り組みや機能を備えている企業は競争力が高いと考えられる。

事業のスピードを阻害する要因の1つとして考えられるのが、MBO（Management by Objectives：目標管理による社員評価）制度である。もちろん、MBOを導入して業績を伸ばしている企業もあるだろうが、相関関係は証明されていない。そもそもテクノロジーが急速に進化し破壊的イノベーションが起きやすい状況や不確実性が高い社会情勢においては、中期経営計画や事業計画を緻密に立案したところで、数か月もすれば予測できない事態が起きて一気に状況が変わる。状況が変化する中では、一度立てた計画に連動しているMBOの仕組みは状況変化に対応できないことになる。

前述した通り、各国のEV化シフトを促す政策が活発となっている中、自動車メーカーやサプライヤーにおける戦略の優先順位も変えざるをえない状況に至っている。もちろん、このような大きな環境変化が起きた場合には、即座に計画を修正して軌道修正する必要があるだろう。そのようなときに、内燃機関のみにこだわり続けるような目標設定をしていたとしたら、本当にそれでよいのか再検証する必要がある。もちろん、全員が必ず従う必要はない。皆が撤退するがゆえにレガシーとしての付加価値が高まり、しばらくはレガシーとしての戦略が成り立つ可能性もある。現在の延長線上にある技術革新が新たな未来を切り開く余地が残されている場合もある。

要は再検証して、自社の優位性が環境変化によってどう影響を受けるのか、それに対する戦略をどうするのか、機敏に意思決定し、社員に明確にメッセージを伝えることが重要である。トップが判断しなかった場合、現場では将来が不安になり、気がついたら優秀な人材が別の会社に移ってしまったということは先に述べた話である。逆に、環境変化をとらえて明確にメッセージを打ち出し、社員の共感を得ることができれば、社会の変革を自分たちが担っていくという志の強さが芽生え、当事者意識としても強さが増す。このことから、外乱はチャンスととらえて即座に対処することが肝要であることがわかる。

スピードと対比して生産性というキーワードがクローズアップされることがあるが、生産性は、付加価値とそれを生み出すために使用する時間との関係で決まる。同じ付加価値を生み出すのであれば、それが最も短い時間で生み出されるようにすることが生産性を最大にするということである。変革の時代においては、付加価値の変数のほうが大きいように見えるが、前段の話では、付加価値を大きくするための前提条件に、短時間で意思決定することが含まれているということになる。大きなチャンスが到来しているならば、それを活かすことを即座に意思決定しないと、そのチャンスは逃げてしまい、付加価値を大きくすることはできない。じっくり考えてリスクマネジメントしていけば付加価値が最大化できるかというと、そうならない場合があるということを肝に銘じておく必要がある。また、前述で取り上げたリーンスタートアップの手法は、価値創造とスピードを一体として実現するための手法であり、切り離しては実現しにくいと考えておくべきである。

4.6.3.3 新たなビジネスモデルとバリューチェーンの構築

新たな共有価値を描き、変化を有機的に繋ぐ

２０１８年1月のＣＥＳにおいて、トヨタ自動車はモビリティサービス専用ＥＶ「e-Palette Concept」を発表した[*]。これは電気自動車の実現だけでなく、自動運転の実現、コネクティッドサービスの実現、シェアリングモビリティのすべての要素を兼ね備えたビジネスモデルとして注目に値する。しかも、提携関係にある事業者はライドシェア・小売業者・配送業者にまでおよび、ビジネスにおける新たなプラットフォームとしてこのe-Paletteというモビリティサービス専用ＥＶが利用されるとのことである。これは電気自動車がなければ実現できなかったであろうし、トヨタ自動車が単なる自動車メーカーで

* トヨタニュースルーム
https://newsroom.toyota.co.jp/jp/corporate/20566891.html

はなく、モビリティサービスを提供するプラットフォーマーとしてビジネスを展開していこうとしていることが理解できる。

そのために、モビリティサービス・プラットフォームによって提供されるAPIをオープンにしていくということはプラットフォームの利用を促進し、利用する側はサービスの提供に注力でき、お互い協力関係を構築しやすい。これからの自動車産業ではこのような水平分業モデルが当たり前になりつつある。

これまでは、大気汚染物質の排出を抑制することを目指して電気自動車という概念をとらえて、実現しようとしていた。また、自動運転は人々の移動に自由や安全をもたらすために開発されてきた。コネクティッドサービスはインターネットと繋がることで、様々な利便性を提供することを目指して開発されてきた。今回のこの「e-Palette Concept」は単なる既存の概念を組み合わせたものではなく、それぞれの特徴や優位性を発展的に検討し、すべてを有機的に繋げて新たなサービスを考えたからこそ、自動車メーカーではなく、モビリティの価値を再定義して、プラットフォーマーとして新たな競争力を獲得することに繋がった1つの例として見ることもできる。

日本企業はこれまで、ビジョンを示してビジネスのやり方を変革することはどちらかというと苦手なイメージを持たれていたが、こういった新たなテクノロジーが組み合わさった新たな未来に向けたビジョンを描き、そこに向かって実現していこうとするモデルとして注目したい。

そのためには、これらのベネフィットを体系立てて整理し、新たな価値を様々なステークホルダーと対話して、実現に向けた企画・構想・実施計画・体制づくりを順次行っていく必要がある。

留意したいのは従来のビジネスドメインを拡大しているということである。これについては、ステークホルダーの顔ぶれが従来とは異なるということである。そのためにはビジョンを強くイメージし、お互いの共通価値を見出し、共感を得ることができるかどうかが最初の勝負になる。ビジョンを描く上で重要となるのが、社会の問題にどう貢献するのかという視点だ。

トヨタ自動車の「e-Palette Concept」には4つの重要な視点が含まれている。つまり、

①　自動車産業以外のプレイヤーが当該モビリティを活用してライドシェア、物流、輸送、リテールから、ホテルやパーソナルサービスなどの様々な用途でお客様のもとに移動して自社サービスを提供できる

②　モビリティサービスプラットフォームを提供し、モビリティサービスに関する情報を活用する側に対してオープンでフレキシブルに提供できる

③ アマゾンやピザハットなどサービス事業者が賛同し、アライアンスに参加している

④ 場所を気にすることなく様々なサービスを提供する e-Palette を集めることで、モビリティサービスハブとしてのコミュニティを形成することができる

という視点である。このビジネスモデルはモビリティサービスを利用することで、これまでのサービス提供の物理的な移動の制約を取り払う可能性を秘めていることをイメージしやすく、異なる業界のプレイヤーにも、お客様とのコミュニケーションの接点やタッチポイントを増やす新たな戦略としてメリットを感じやすい。利用者から見れば移動手段のない地域にサービスをオンデマンドで利用できるようになることや、複数のサービスを一堂に集めてサービスモールのようなコミュニティを一時的に構築することができるなど、これまで自由に移動できなかった人々にも新たな顧客体験を生み出すことができ社会的にもインパクトがあると考えられる。このようなビジョンを異なる業界のプレイヤーとも共有できることは、新たなイノベーションを起こすためのスタートとしてはとても重要である。

ストラクチャで構造化して、ベネフィットがひと目でわかるように

この次に重要になるのが、しっかりとした目標の設定である。コミュニケーションに移

動の制約を取り除くという共通の価値を具体化するには、それを実現するための綿密な計画と実現を後押しするサポートが必要になる。リーンなアプローチでアジャイルにブラッシュアップしていくという方法を採用するなど、価値創造を促進するためのポイントは前述した通りだが、ここでは有機的にすべてを繋ぐという観点で必要なポイントを整理したい。

異なる事業領域の広範囲なバリューチェーンにまたがるプロジェクトの場合、1つ1つの事業領域ごとのプロジェクトに分割し、全体を1つのプログラムとして統合マネジメントすることが多い。分割した事業領域ごとのプロジェクトは、通常のプロジェクトマネジメントのアプローチに沿ってマネジメントしていくのであるが、他の事業領域に対する関係性が弱くなると、当該事業領域のプロジェクトの実行は独立して意思決定を行い進みやすくなる。一方で連携が弱くなるなどの弊害が生じる。

これを防ぐには、それぞれの事業領域が全体の共通価値実現に向けてどういった利害関係性があり、どういったビジネス上の繋がりがあるのかをストラクチャで構造化して整理しておくとよい。ベネフィットをどのように実現していくかがひと目でわかるようになり、ステークホルダーの調整や要件定義や設計に落とし込んでいく際のよりどころとなる。

このベクトルをプログラム全体で共有しておくことはアラインメントとも呼ぶ。通常プログラムマネジャーの仕事ではあるが、組織や事業領域をまたがった調整となるため、これをやり遂げるには然るべきパワーが必要になる。全体を統合マネジメントするためのパワーは、企業ピラミッドにおけるトップと現場を結びつけるためにも重要である上に、企業間の連合体を結びつけるためにも重要である。

ベネフィットを実現するためのストラクチャができれば、それぞれ達成するべき成果に落とし込めたということであるが、すべてを同時に実行することは通常は難しい。なんらかの依存関係や投入できるリソースに制限があり、優先順位をつけて対応することになるだろう。このとき、最小の労力で最も効果の大きいものから実施することが得策であるため、解決優先順位を見極めることが重要となる。この検討の結果、ベネフィット実現のロードマップにまとめることで、いつ頃どのような順序で対応していくのかがわかるようになる。

これらのストラクチャは、実現するために段階に分けて達成度を測定することも重要になる。測定することにより、現状の到達度がチーム全体で共有できると共に、そこまでの取り組みが目標達成に効果的であったかどうかの振り返りと対策を検討することに繋がりやすくなる。また、チームの外から見た場合に、連携のタイミングを図ることができ、お互いに相関する目標との関連性を検討して、対策の優先順位を見直すことができるようになる。

あわせて、これらの対応を行うことは、ステークホルダーに説明責任を果たすことに繋がる。ベネフィットストラクチャそのものがステークホルダーの達成したい目標でもあり、それがどの段階まで到達しているのか、分解して考えることができるようになる。少なくともロードマップで表現した達成するべき成果を刈り取るタイミングでは必ず評価を行い、できるだけ、その成果を刈り取るために必要な活動の達成状況も先行指標としてモニタリングを行い、都度対策することが有効である。

ビジネスモデルキャンバス～トヨタ自動車「e-Palette Concept」より考察～

また、この e-Palette が注目に値するポイントは、新たな市場をつくり出すところにもある。トヨタ自動車がどのような市場をつくり出そうとしているのか、ビジネスモデルキャンバス*というフレームワークで整理したい。ビジネスモデルで核となる要素として、顧客セグメント・顧客との関係・チャネル・価値提案・収益の流れ・重要活動・重要リソース・パートナー・コスト構造の９つの要素から構成されている。この中で特に注目したいのが顧客セグメント・顧客との関係・価値提案の要素である。

まず価値提案として、生活者に対しては、人々の暮らしを支える移動サービスを提供す

* スイスのビジネス理論家 Alexander Osterwalder 氏が提唱
その後リーンスタートアップ等でのビジネスモデルの早期構築・検証のために利用されるようになったフレームワークの１つ

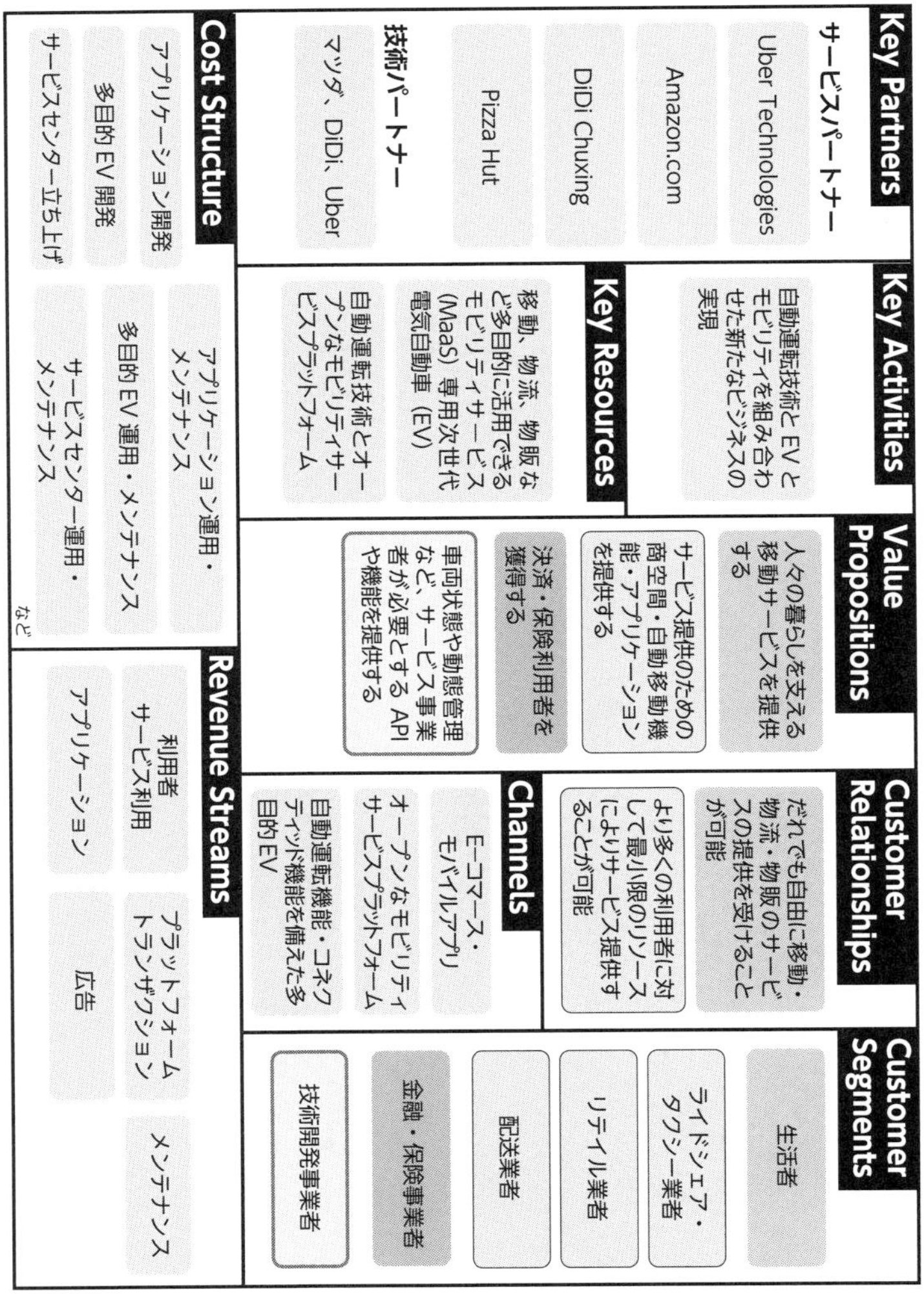

Key Partners

サービスパートナー

Uber Technologies

Amazon.com

DiDi Chuxing

Pizza Hut

技術パートナー

マツダ、DiDi、Uber

Key Activities

自動運転技術とEVとモビリティを組み合わせた新たなビジネスの実現

Key Resources

移動、物流、物販など多目的に活用できるモビリティサービス（MaaS）専用次世代電気自動車（EV）

自動運転技術とオープンなモビリティサービスプラットフォーム

Value Propositions

人々の暮らしを支える移動サービスを提供する

サービス提供のための商空間・自動移動機能・アプリケーションを提供する

決済・保険利用者を獲得する

車両状態や動態管理など、サービス事業者が必要とするAPIや機能を提供する

Customer Relationships

だれでも自由に移動・物流・物販のサービスの提供を受けることが可能

より多くの利用者に対して最小限のリソースによりサービス提供することが可能

Channels

E-コマース・モバイルアプリ

オープンなモビリティサービスプラットフォーム

自動運転機能・コネクティッド機能を備えた多目的EV

Customer Segments

生活者

ライドシェア・タクシー業者

リテイル業者

配送業者

金融・保険事業者

技術開発事業者

Cost Structure

アプリケーション開発

多目的EV開発

サービスセンター立ち上げ

アプリケーション運用・メンテナンス

多目的EV運用・メンテナンス

サービスセンター運用・メンテナンス

など

Revenue Streams

利用者サービス利用

プラットフォームトランザクション

メンテナンス

アプリケーション

広告

＊トヨタニュースリリースをもとに筆者作成
https://newsroom.toyota.co.jp/jp/corporate/20566891.html

るということ、事業者に対しては、サービス提供のための商空間・自動移動機能・アプリケーションを提供するということが挙げられる。生活者はこれによって、だれでも自由に移動・物流・物販のサービスの提供を受けることが可能となり、業者はより多くの利用者に対して最小限のリソースによりサービス提供することが可能となる。

これらは、これまで生活者がお店まで移動して購入するという形態から、お店が近くに移動してきてくれてその場で購入する形態に変わり、新たな商取引の可能性を生み出すことに繋がる。まさに事業者にとっては移動する店舗となるだろう。そして、移動する店舗によって生活者にモノやサービスや体験を届けることが可能になる。事業者は移動する車を、様々な事業者間でシェアすることで、利用する時間や距離に応じた利用料を支払うことになり、必要最低限の投資で新たな商環境を得るだろう。自動運転機能によってドライバーが不要となるだけでなく、e-Palette に搭載する設備次第では最小限の労働力で事業を行うことが可能となるだろう。

例えば、ロボットとＡＩを組み合わせて e-Palette 上に搭載して、商品の補充や積み込みを自動化することや、配送時の受け渡しを自動化するなど、サービス業務を自動化するようなことも想像はできる。生活者と事業者を繋ぐためのプラットフォーマーとして、価値提供する可能性は今後も様々な可能性が検討されるだろう。

様々な事業化の可能性を見出すために重要なことは、顧客がどのような課題を抱えているかを当事者となってとらえることが重要であり、その中から本当の課題を見つけ解決することが重要である。このビジネスモデルキャンバスは、そのような試行錯誤を関係者と繰り返す際にコミュニケーションツールとして活用することができる。検証したい価値観や関係性はどのようなものか、共通言語としてチャート化する。これによって様々なバックグラウンドを持った関係者に対して、共通の価値観を共有することに繋がる。

今回のこの「e-Palette Concept」が特筆するべきなのは、近未来の社会を見据えて青写真を描き、モビリティの新たな社会的価値の実現のためのビジネスモデルを検討し、戦略的に協力者を味方につけて世に問うレベルにまで具体化している点である。世に問うことで初めて社会の反応が明確になり、そのビジネスモデルの社会的価値の大きさが理解できるようになる。

狭い社会でしかビジネスできない企業は大きな社会的価値の実現にはたどり着けず、狭い価値だけに終わってしまう。今一度、社会的価値の実現のためにマネジメントが機能しているか、考えることが必要である。そしてそのような未来を創造しようとする組織、チームの思いを繋ぎ、情熱を持ってマネジメントを行うことが重要である。

おわりに

昨今の、特に自動車業界の（もはや、業界の垣根は破壊され自動車業界とは言えないのであるが）変化の大きさとスピードは目を見張るものがある。この変化の中に身を置いてプロジェクトの実行や組織の革新を推進しているものの使命として、本書がマネジメントの核心にせまり、少しでも業界の壁を越えて自動車メーカーをはじめ様々なプレイヤーにとって、新たな顧客体験価値・社会価値を生み出すお手伝いができていれば、本望である。また、これから世に出る自動車がキーとなり、様々なプラットフォームと共に持続可能でレジリエントでクリーンな社会が実現されることを切に願う。

執筆中、一瞬戸惑うニュースを目にした。自動運転やEVで先を行くTesla CEOのイーロン・マスク氏とロボット工学および人工知能分野の著名な研究者たちは、国連に対して、ロボットや人工知能を兵器のために開発・使用することを禁止するよう求めたという[*1]。この記事を見たときにはあまり実感できなかったのだが、目を閉じて想像してみたところ、とても恐ろしいことがわかった。自動運転技術をロボットやドローンに適用したら、何が起きるか。センサーやカメラやLIDARで歩行者を識別できるくらいであるから、

*1 BBC ニュース 2017/8/21
http://www.bbc.com/japanese/40997403

それにぶつからないように制御できるなら、その逆も制御できるのだろうということは想像がつく。テクノロジーやマネジメントは本来、社会を豊かにするための手段にすぎない。それを間違った方向に使うことはとても耐えがたい。

また、米国において公道での自動運転の走行試験中に人命が失われる事故が起きた[*2]というニュースについても胸が痛む。業界全体で自動運転技術はまだまだ完全なものではないということを肝に銘じて、より慎重に実現に向けて取り組まなければならないし、人命に関わる問題の兆候やリスクに対してはこれまで以上に敏感に対処する必要があると思う。国際的な枠組みとして自動運転の精度についての評価基準やその評価結果に応じて対策を講じる必要があるのではないだろうか。そのような枠組みが整備され安心して自動運転車を利用できるようになることを望む。

これまでの自分自身のキャリアを振り返ると「プロフェッショナルの強みは、そのサービス精神にある」[*3]という言葉が礎になっていると感じる。プロとして相手の真の要求を理解し、その要求に応えるためのサービスを提供可能にすることだと先輩の峯本さんから学ばせていただいた。ビジネスにおいて究極の要求は社会と向き合い持続可能な社会価値を実現していくことだと思うところであり、このような未来志向でテクノロジーやマネジメント手法、感性、情熱などを駆使し明るい未来のために少しでも貢献していきたいと思

*2 日本経済新聞 2018/3/20
*3『プロジェクトマネジメントプロフェッショナル』峯本展夫著　生産性出版

う。

最後になりましたが、これまでプロジェクトを共に遂行させて頂いた多数のお客様のご指導・ご鞭撻があったからこそ得られた経験なくして、本書を執筆・出版することはできませんでした。また、ＳＢＶＳ（Silicon Valley Business Salon）でご一緒させて頂いた皆様には、シリコンバレーのカルチャーや自動車産業の変化の激しさについてオープンにディスカッションさせて頂き本当にありがとうございました。この機会がなければこのような気づきも得ることができなかったと思います。そして、度重なる原稿遅延にもかかわらず温かく励ましてくださった編集の清末真司さん、本書の企画・コンセプトづくり・構成・内容の多岐にわたり相談させて頂いた高橋信也さん、増田康之さん、中村公俊さんをはじめ、ご協力頂いた同僚の皆様、この場を借りて御礼を申し上げます。

木南 浩司

２０１８年４月

【著者紹介】

木南浩司（きなみ　こうじ）

兵庫県姫路市出身。姫路西高45回生。大阪大学基礎工学部情報工学科卒。

富士通にてシステムインテグレーションのプロジェクトを経験後、コンサルティング会社にて業務改革プロジェクト、企業再生プロジェクト等に従事。

マネジメントソリューションズに参画後は、製造・金融・インターネットビジネスなど様々な業種のお客様の変革プロジェクトをPMOとして支援し、企業のマネジメントレベル向上に貢献。

近年は特に自動車関連産業のお客様に密着したPMOサービスを展開し、現在はビジネスディベロップメントに従事。

株式会社マネジメントソリューションズ ビジネスディベロップメント ディレクター。

PMI（Project Management Institute）会員、PMI日本支部地域サービス担当理事、兼中部ブランチ代表、PMI認定PMP®。

MI：マネジメントインプリメンテーションの略。MSOL（株式会社マネジメントソリューションズ）はビジネスにおける様々なテーマを取り上げて革新を目指す企業にシリーズとしてマネジメントのあり方を示していく。

モビリティシフト

2018年6月28日発行

著　者——木南浩司
発行者——駒橋憲一
発行所——東洋経済新報社
〒103-8345　東京都中央区日本橋本石町1-2-1
電話＝東洋経済コールセンター　03(5605)7021
https://toyokeizai.net/

装　幀…………中村勝紀
ＤＴＰ…………渡辺　宏
印刷・製本……藤原印刷

　ISBN 978-4-492-96139-1